建筑工程与造价管理

张静 张莹 刘莹莹 著

延吉·延边大学出版社

图书在版编目（CIP）数据

建筑工程与造价管理 / 张静，张莹，刘莹莹著.

延吉：延边大学出版社，2024.6. -- ISBN 978-7-230
-06738-6

Ⅰ.TU723.31

中国国家版本馆 CIP 数据核字第 2024Y4R474 号

建筑工程与造价管理

著　　者：张　静　张　莹　刘莹莹
责任编辑：马少丹
封面设计：文合文化
出版发行：延边大学出版社
地　　址：吉林省延吉市公园路977号　　　邮　编：133002
网　　址：http://www.ydcbs.com　　　E-mail：ydcbs@ydcbs.com
电　　话：0433-2732435　　　传　真：0433-2732434
印　　刷：长春市华远印务有限公司
开　　本：787毫米×1092毫米　　1/16
印　　张：10.5
字　　数：200千字
版　　次：2024年6月第1版
印　　次：2024年8月第1次印刷
书　　号：ISBN 978-7-230-06738-6

定　　价：68.00元

前　言

随着经济的发展，建筑工程行业也在迅速发展。建筑工程造价控制和管理关系到建筑工程行业的健康发展和建筑工程价值的实现，在工程投资决策阶段的造价影响到整个工程项目各个组成部分的造价；设计阶段的工程造价是工程造价与管理的关键环节，对每个工程的每个项目进行合理规划，能够使整个工程造价更加科学。

本书共分为八章：第一章是建筑工程概述，主要就建筑工程项目、工程造价管理理论知识进行详细的介绍和分析；第二章是建筑工程成本管理，分别从工程成本管理概述、成本预测和计划、成本控制与核算、成本分析与考核几个方面展开论述；第三章是建筑工程进度管理，分别从工程进度管理概述、工程进度计划编制与控制、工程进度控制措施进行简要阐述；第四章是工程造价管理及构成，主要就工程造价管理概念和工程造价构成进行详细的阐述和分析；第五章是工程设计阶段的造价管理，分别介绍了工程设计阶段的造价管理的基础知识、设计方案的优选、设计方案造价预算；第六章是工程施工阶段的造价管理，详细论述了工程施工阶段的造价管理的基础知识，以及工程变更与索赔、施工阶段的造价管控；第七章是工程竣工阶段的造价管理，主要介绍了工程竣工基础、竣工验收、竣工阶段的造价管控；第八章是 BIM 技术在造价管理中的应用，主要阐述了国内外 BIM 技术在工程造价管理中的发展现状，通过对 BIM 技术基本原理、BIM技术的相关理论的阐述，分析了 BIM 技术在工程造价管理中的应用价值，最后以工程项目全寿命周期为主线，阐述了从项目决策阶段、设计阶段、招投标阶段、施工阶段、竣工阶段直至运营维护阶段中 BIM 技术的应用价值。

全书由张静、张莹、刘莹莹负责编写书稿，由陈义红、冷雪琪、张鹏飞、徐蕾、张建勤、徐梦春、徐前海、魏前进、姚雯等人负责整理书稿。

本书在撰写过程中，参考、借鉴了大量著作与部分学者的理论研究成果，在此表示感谢。由于作者精力有限，加之行文仓促，书中难免存在疏漏与不足之处，望各位专家学者与广大读者批评指正，以使本书更加完善。

作者

2024 年 2 月

目　录

第一章　建筑工程概述

第一节　项目管理的基本概念

一、项目的概念及意义

1.项目的定义

项目是指一系列独特的、复杂的并相互关联的活动，这些活动有着一个明确的目标或目的，必须在特定的时间、预算、资源限定内，依据规范完成。

2.项目参数

项目参数包括项目范围、质量、成本、时间、资源。项目是一系列临时性的活动，其目的是创造一个独特的产品或服务。

3.项目的目标

项目的目标就是满足客户、管理层和供应商在时间、费用和性能（质量）上的不同要求。投资项目是在规定的期限内，为完成某项或某组的开发目标而独立进行的投资活动。首先，投资项目是一个过程。作为一个具体的工程项目，其包含了立项、评估、设计、开工、施工、竣工、运行 7 个连续阶段，完成从"资产投入"至"效益产出"的一个完整的循环。其次，投资项目是一个体系。

4.项目的特征

一是在一个设计任务书范围内进行施工，二是经济上实行统一核算，三是行政上实行统一管理。

5.项目的基本属性

项目的基本属性包括一次性、独特性、目标的确定性、组织的临时性和开放性、成果的不可挽回性。

6.项目的分类

按性质分，项目可分新建项目和改扩建与更新改造项目两大类。改扩建与更新改造项目是指改建、扩建、恢复、迁建及固定资产更新和技术改造项目。按经济用途分，项目可分为经营性项目、非经营性项目。按建设规模分，项目可分为大型项目、中型项目和小型项目。

二、项目管理的概念与特点

项目管理是指在一定的约束条件下，运用系统的理论和方法对项目进行计划、组织、指挥、协调和控制等专业化活动。项目管理的目的是保证项目目标的实现；项目管理的对象是项目。由于项目具有单件性和一次性的特点，因此项目管理应具有针对性、系统性、程序性和科学性。只有应用系统工程的观点、方法和理论进行项目管理，才能保证项目目标的顺利实现。

每个项目都有特定的管理程序和管理步骤。项目的单件性决定了每个项目都有其特定的目标，而项目管理的内容和方法要针对项目目标而定。因此，每个项目的管理程序和管理步骤都应具有针对性和独特性。

项目的单件性和一次性，为项目管理带来较大的风险。为了更好地进行计划、组织、指挥、协调和控制，必须实施以项目经理为中心的管理模式，必须授予项目经理较大的权力，以使其能够及时处理项目实施过程中出现的各种问题。

现代项目具有投资额大、建设周期长、建设环境复杂、涉及多学科多部门等特征。传统的管理模式已经无法满足管理的需求，因此必须综合运用现代化的管理方法和科学的技术手段，如决策技术、网络与信息技术、网络计划技术、价值工程、系统工程等进行管理。

项目实施过程中各种因素都是动态变化的，为了保证项目目标的实现，应在项目实施过程中采用动态控制的方法。通过不断的检查、比较、分析、纠偏，制订新的计划再实施等动态循环过程，最终实现项目的目标。

三、建筑工程项目的概念和特征

（一）建筑工程项目的概念

建筑工程是指通过对各类房屋建筑及其附属设施的建造和与其配套的线路、管道、设备的安装活动所形成的工程实体。建筑工程项目包括工程建设项目、单项工程、单位工程、分部工程、分项工程。这样的建筑工程项目在我们的日常生活中随处可见。

（二）建筑工程项目的特征

建筑工程项目的特征主要体现在其复杂性、外部环境变化、目标管理、管理方式转变、施工特点、专业性强、安全管理难度大等方面。

1.复杂性高

建筑工程项目通常具有高复杂性，包括造价高、参与人数多、利益相关者多、对环境的依赖和影响都比较大、时间长等。这些因素使得建筑工程项目相对于其他项目而言，其复杂性程度更高。

2.外部环境变化大

建筑工程项目受外部环境影响大，外部环境变化大，导致项目的不确定性程度也大。

3.实行目标管理

建筑工程项目目标较易明确，多实行目标管理，以使项目稳定明确。

4.管理方式转变

我国建筑工程项目管理方式正由粗放型向现代项目管理转变，但由于缺乏完善的专业化分包体系，现代的项目管理工具也没有良好的应用条件。

5.施工特点

建筑工程的单体工程均为全现浇框架结构，混凝土现浇量大，采用平行施工的方法组织施工，人员、材料、设备一次性投入多，旁站、见证取样工作量大。工期紧、任务重，劳动强度大，同时跨越雨季、冬季，受气候影响因素多。

6.专业性强，组织协调工作量大

建筑工程涉及专业多，如桩基工程、土建施工、装饰装修等，因此在项目施工时，会有大量的专业分包单位进场进行平行或穿插施工，故组织协调工作量大。

7.安全管理难度大

建筑工程的单体工程多，需要投入大量的大型机械设备，如塔吊、施工电梯等，同时需要取得"检测合格牌"后才可使用，故项目施工时，大型机械、设备管理安全管理难度大。

四、工程项目及其特点

（一）工程项目

工程项目是指在一定的约束条件下（如限定资源、时间、规定、质量标准等），具有特定的明确目标和完善的组织结构的一次性任务。它在生产过程中具有明显的单件性特点，它既不同于现代工业产品的大批量重复生产，也不同于企业或行政部门周而复始的管理过程。

工程项目是最为常见的项目类型。工程项目是一种融投资行为和建设活动为一体的项目决策与实施活动，在工程项目的实施过程中，两者是密切结合在一起的。工程项目建设，实质上就是将人力、物力、财力等投资要素转为实物资产的经济活动过程。

（二）工程项目的特点

1.综合性

工程项目的综合性是工程项目的内在要求，表现为工程项目建设过程中工作关系的广泛性及项目操作的复杂性。工程项目建设经历的环节多，涉及的部门与关系复杂，涉及规划、设计、施工、供电、供水、电信、交通、教育、卫生、消防、环境和园林等部门。此外，工程项目的综合性还体现在它作为一个基本的物质生产部门，必须与本国、本地区各产业部门的发展相协调，脱离了国情、区情，发展速度过快或过缓，规模过大或过小都会给经济及社会发展带来不良影响。

2.时序性

工程项目是一项涉及面广、比较复杂的经济活动,其实施过程具有严格的操作程序。从项目的可行性分析到土地的获取、从资金的融通到项目的实施以及到后期的销售、使用管理等,虽然头绪繁多,但先后有序。这不仅由于各部门的行政管理使许多工作受到审批程序的制约,而且也与工程项目这种生产活动的内在要求有关。因此,工程项目的实施必须要有周密的计划,使各个环节紧密衔接,协调进行,以缩短周期,降低风险。

3.地域性

工程项目是不可移动的。因此,工程项目的投资建设和效益的发挥具有强烈的地域性。在工程项目投资决策、勘探设计和可行性研究的过程中,必须充分考虑工程项目所在地区和区域的各项影响因素。这些因素,从微观上看,牵涉到诸如交通运输、地形地质、升值潜力等很多与工程有关的因素,这些因素对工程项目的选址影响极大;从宏观上看,工程项目的地域性因素主要表现在投资地区的社会经济特征对项目的影响。每一个地区的投资开发政策、市场需求状况、消费者的支付能力等都不一样,这就需要认真研究当地市场,制定相应的工程项目建设方案。

4.风险性

与一般项目相比,工程项目的根本特征是投资额巨大。在市场经济条件下,筹集巨额资金是有风险的。由于建设周期长,很多因素有可能变化,这就会给工程项目带来一定的市场风险。工程项目的产品或者供人们居住,或者供人们从事商业经营,或者供人们进行工业生产。但无论是何种产品,都具有很强的刚性。也就是说,工程项目一旦建成,在相当长的时间里几乎没有重新建造的可能。因此,工程项目建设是一项高风险的投资行为。

五、工程项目管理

1.工程项目管理的概念

工程项目管理是指在工程项目的生命周期内,用系统工程的理论、观点和方法,进行有效的规划、决策、组织、协调、控制等系统性的、科学的管理活动,从而按工程项目既定的质量要求、工期、投资额、限定的资源和环境条件，圆满地实现工程项目建设目标。它是为进行项目管理，实现组织职能而进行的项目组织系统的设计与建立、组织运行和组织调整三方面工作的总称。

2.工程项目管理的任务

工程项目管理的任务是项目的目标控制，也就是最优地保障项目质量、降低投资/成本和缩短工期，也就是有效利用有限的资源，用尽可能少的费用、尽可能快的速度和优良的工程质量建成工程项目，使其实现预定的功能。工程项目管理的任务主要有以下六个方面：组织工作、合同工作、进度控制、质量控制、费用控制及财务管理、信息管理。

3.工程项目组织形式

（1）独立的项目组织形式，是指在企业中成立专门的项目机构，独立承担项目管理任务，对项目目标负责。

（2）直线式项目组织形式，其是最简单的工程项目组织形式，是一种线性组织结构。它适用独立的项目和单个中小型工程项目管理。

（3）矩阵式项目组织形式，其是现代大型工程管理中广泛采用的一种组织形式。它将管理的职能原则和对象原则结合起来，形成了工程项目管理的组织机构，使其既能发挥职能部门纵向优势，又能发挥项目组织的横向优势。

4.工程项目的生命周期

工程项目的生命周期是指一个建设项目从开始策划到项目报废或项目完成的整个过程。生命周期成本计算的目标是找出几种符合业主要求的备选方案，其中一个方案使得建筑物在生命周期中成本最小。直接费用+间接费用=工程成本；工程成本+按百分比确定的公司管理费和利润=业主的总费用；材料费、人工费和设备费的总和就是直接费用，施工现场工作的管理费用为间接费用。直接费用是指产品制造过程中，直接用于产品生产的材料、生产工人的工资和福利费、其他费用等，它直接计入产品的生产成本。

第二节　工程造价管理理论知识

一、工程造价概述

（一）工程造价的定义

根据住房和城乡建设部发布的国家标准《工程造价术语标准》（GB/T50875-2013），工程造价（Project Costs，PC）是指项目在建设期预计或实际支出的建设费用，即全部固定资产投资费用，也就是一项工程通过建设形成相应的固定资产、无形资产所需用一次性费用的总和。

1.投资

（1）投资的含义

所谓投资是指投资主体为了特定目的，以达到预期收益的价值垫付行为，一般有广义和狭义之分。

①广义的投资，是指投资主体将资源投放到某个项目以达到预期效果的一系列经济行为。其资源可以是资金，也可以是人力、技术等，既可以是有形资产的投放，也可以是无形资产的投放。

②狭义的投资，是指投资主体在经济活动中为实现某种预定的生产、经营目标而预先垫付资金的经济行为。

（2）投资的分类

投资从不同角度有不同的分类，具体如图 1-1 所示。

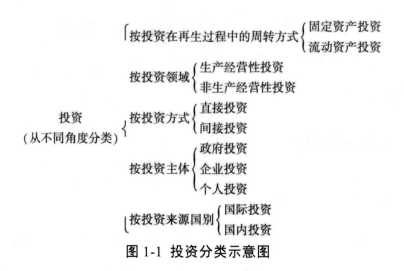

图 1-1 投资分类示意图

在图 1-1 中，由于固定资产投资额度大，管理复杂，在整个投资中处于主导地位，因此通常所说的投资主要是指固定资产投资。

2.固定资产

（1）固定资产的含义

固定资产是指在社会再生产过程中可供长时间反复使用（一年以上），单位价值在规定限额以上，并在使用过程中基本保持原有实物形态的劳动资料和其他物质资料，包括房屋、建筑物、构筑物、机器设备、车辆及工器具等。

确定固定资产的标准是使用时间和价值大小。使用时间超过一年的建筑物、构筑物、机器设备、运输车辆和其他工器具等应当作为固定资产；不属于生产经营主要设备的物品，单位价值在 2000 元以上且使用年限在两年以上的各类资产也属于固定资产。不符合上述两个条件的劳动资料一般列为低值易耗品,低值易耗品和劳动对象统称为流动资产。

（2）固定资产的特点

固定资产投资作为经济社会活动的重要内容，是国民经济和企业经营的重要组成部分，具有许多与一般生产、流通领域不同的特点。其特点总结如下：

①资金占用多，一次性投入的资金的额度大；

②建设和回收周期长；

③投资形成的产品具有固定性；

④投资的产品具有单件性；

⑤项目的管理比较复杂。

3.基本建设

（1）基本建设的含义

利用国家预算内资金、自筹资金、国内外基本建设贷款以及其他专项资金进行的，以扩大生产能力或新增工程效益为主要目的新建、扩建、改建、恢复工程以及与之相关的活动均称为基本建设。

（2）基本建设的内容

基本建设包括以下五方面内容：

①建筑工程。建筑工程是指永久性和临时性的建筑物、构筑物、设备基础的修建，照明、水卫、暖通、煤气等设备的安装和绿化，以及水利、道路、电力线路、防空设施等的建设。

②设备安装工程。设备安装工程包括各种机械设备和电气设备的安装，与设备相关联的工作台、梯子、栏杆等的装设，附属于被安装设备的管道敷设和设备的绝缘、保温、油漆等，以及为测定安装质量对单个设备进行试运转的工作。

③设备、工器具及生产用具的购置。设备、工器具及生产用具的购置是指车间、实验室、医院、学校、宾馆、车站等开展生产、工作、学习所应配备的各种设备、工具、器具、家具及实验设备的购置。

④勘察与设计。勘察与设计包括地质勘查、地形测量及工程设计方面的工作。

⑤其他基本建设工作。其他基本建设工作是指上述各类工作以外的基本建设工作，如筹建机构、征用土地、培训工人及其他生产准备工作等。

（二）工程造价管理

1.工程造价管理的含义

工程造价管理是运用科学、技术原理和方法，在统一目标、各负其责的原则下，为确保建设工程的经济效益和有关各方面的经济权益而对建设工程造价及建安工程价格所进行的全过程、全方位的符合政策和客观规律的全部业务行为和组织活动。工程造价管理既涵盖了宏观层次的工程建设投资管理，也涵盖了微观层次的工程项目费用管理。

（1）宏观的工程造价管理

宏观的工程造价管理是指政府部门根据社会经济发展的实际需要，利用法律、经济和行政等手段，规范市场主体的价格行为，监控工程造价的系统活动。

（2）微观的工程造价管理

微观的工程造价管理是指工程参建主体根据工程有关计价依据和市场价格信息等，预测、计划、控制、核算工程造价的系统活动。

2.工程造价管理的目标、任务及基本内容

（1）工程造价管理的目标

工程造价管理的目标是按照经济规律的要求，根据社会主义市场经济的发展形势，利用科学管理方法和先进管理手段，合理地确定造价和有效地控制造价，以提高投资效益和建筑安装企业经营效果。

（2）工程造价管理的任务

工程造价管理的任务是加强工程造价的全过程动态管理，强化工程造价的约束机制，维护有关各方的经济利益，规范价格行为，促进微观效益和宏观效益的统一。

（3）工程造价管理的基本内容

工程造价管理的基本内容是合理地确定和有效地控制工程造价。

①工程造价的合理确定。所谓工程造价的合理确定，就是在建设程序的各个阶段，合理地确定投资估算、概算造价、预算造价、承包合同价、结算价、竣工决算价。

A.在项目建议书阶段，按照有关规定编制的初步投资估算，经有关部门批准，作为拟建项目列入国家中长期计划和开展前期工作的控制造价。

B.在项目可行性研究阶段，按照有关规定编制的投资估算，经有关部门批准，作为该项目的控制造价。

C.在初步设计阶段，按照有关规定编制的初步设计总概算，经有关部门批准，作为拟建项目工程造价的最高限额。

D.在施工图设计阶段，按照规定编制施工图预算，用以核实施工图阶段预算造价是否超过批准的初步设计概算。

E.对以施工图预算为基础实施招标的工程，承包合同价是以经济合同形式确定的建筑安装工程造价。

F.在工程实施阶段，按照承包方实际完成的工程量，以合同价为基础，同时考虑因物价变动所引起的造价变更，以及设计中难以预计的而在实施阶段实际发生的工程和费用，合理确定结算价。

G.在竣工验收阶段，全面汇集在工程建设过程中实际花费的全部费用，编制竣工决算，如实体现建设工程的实际造价。

②工程造价的有效控制。所谓工程造价的有效控制，就是在优化建设方案、设计方案的基础上，在建设程序的各个阶段，采用一定的方法和措施将工程造价的发生控制在合理的范围和核定的造价限额以内。具体来说，要用投资估算价控制设计方案的选择和初步设计概算造价，用概算造价控制技术设计和修正概算造价，用概算造价或修正概算造价控制施工图设计和预算造价，以求合理地使用人力、物力和财力，取得较好的投资效益。

有效地控制工程造价应体现以下三项原则：

A.以设计阶段为重点的建设全过程造价控制。工程造价控制在贯穿项目建设全过程的同时，应注重工程设计阶段的造价控制。工程造价控制的关键在于前期决策和设计阶段，而在项目投资决策完成后，控制工程造价的关键就在于设计。建设工程全寿命期费用包括工程造价和工程交付使用后的经常开支费用（含经营费用、日常维护修理费用、使用期内大修理和局部更新费用）以及该项目使用期满后的报废拆除费用等。

长期以来，我国往往把控制工程造价的主要精力放在施工阶段——审核施工图预算、结算建筑安装工程价款，对工程项目策划决策和设计阶段的造价控制重视不够。要有效地控制建设工程造价，就应将工程造价控制的重点转到工程项目策划决策和设计阶段。

B.实施主动控制。长期以来，人们一直把控制理解为目标值与实际值的比较，以及当实际值偏离目标值时，分析其产生偏差的原因，并确定下一步的对策。在工程建设全过程中进行这样的工程造价控制当然是有意义的。但问题在于，这种立足于调查——分析——决策基础之上的偏离——纠偏——再偏离——再纠偏的控制是一种被动控制。这样做只能发现偏离，不能预防可能发生的偏离。为了尽可能地减少以至避免目标值与实际值的偏离，必须立足于事先主动地采取控制措施，实施主动控制。也就是说，工程造价控制不仅要反映投资决策，反映工程设计、发包和施工，被动地控制工程造价，更要能动地影响投资决策，影响工程设计、发包和施工，主动地控制工程造价。

C.技术与经济相结合是控制工程造价最有效的手段。要有效地控制工程造价，应从组织、技术、经济等多方面采取措施。从组织上采取措施，包括明确项目组织结构，明确造价控制者及其任务，明确管理职能分工；从技术上采取措施，包括重视设计多方案选择，严格审查监督初步设计、技术设计、施工图设计、施工组织设计，深入技术领域研究节约投资的可能；从经济上采取措施，包括动态地比较造价的计划值和实际值，严格审核各项费用支出，采取对节约投资的有力奖励措施等。

二、我国现行建设工程造价管理制度

（一）相关政策法律体系

我国在建设工程造价管理领域，有一系列法律法规和政策性文件。为体现全国范围的实用性，本节对法律法规体系的研究，从法律、行政法规、部门规章三个层面进行分析，不涉及地方性规章。

1.相关法律

我国现行的法律中，工程造价管理的主要依据有《中华人民共和国建筑法》（以下简称《建筑法》）、《中华人民共和国招标投标法》（以下简称《招标投标法》）、《中华人民共和国民法典》（以下简称《民法典》）和《中华人民共和国价格法》（以下简称《价格法》）。

（1）《建筑法》

《建筑法》分总则、建筑许可、建筑工程发包与承包、建筑工程监理、建筑安全生产管理、建筑工程质量管理、法律责任、附则共八章八十五条，自1998年3月1日起施行，历经2011年、2019年两次修正。《建筑法》第二条规定："本法所称建筑活动，是指各类房屋建筑及其附属设施的建造和与其配套的线路、管道、设备的安装活动。"承发包价格和工程款的支付是工程造价管理的重要部分。《建筑法》第十八条规定："建筑工程造价应当按照国家有关规定，由发包单位与承包单位在合同中约定。公开招标发包的，其造价的约定，须遵守招标投标法律的规定。发包单位应当按照合同的约定，及时拨付工程款项。"

《建筑法》为工程造价管理中的承发包价格和工程款支付的管理提供了基本依据；对于工程造价管理的参与主体，《建筑法》分别从建筑工程发包、承包、监理等方面作了重要规定。严格管理发包过程中的招标投标以及合同，明确规定承包商的资质要求与分包行为要求，并规定推行建设工程监理制度，引入建筑工程活动的第三方约束。在过程管理方面，《建筑法》主要对施工许可、勘察设计、施工合同以及保修阶段的几个重要部分进行规定、明确责任。在要素管理方面，《建筑法》规定建筑工程质量管理、安全生产管理，保证建筑工程实施的控制效果。另外，《建筑法》中关于法律责任的条款，为从事工程建设的参与各方明确了责任边界，并为工程建设过程管理提供了依据。

（2）《招标投标法》

《招标投标法》规范了建筑工程招标投标过程中各环节的主要活动，对工程造价有着直接和间接的影响。在投标阶段，《招标投标法》第三十三条规定"投标人不得以低于成本的报价竞标"，这旨在维护招标投标市场的健康发展；第九条规定"招标人应当有进行招标项目的相应资金或者资金来源已经落实"，这是为了防止承包商之间的恶意竞标，以及招标方要求承包方垫资承包等有碍公平竞争的行为。在评标阶段，《招标投标法》第三十七条规定"评标委员会由招标人的代表和有关技术、经济等方面的专家组成，成员人数为五人以上单数，其中技术、经济等方面的专家不得少于成员总数的三分之二"，以提高招标投标项目技术上的可行性与经济上的合理性，确保项目的投资效益。在保证招标投标价格合理确定、促进有效市场竞争性方面，第四十三条规定"在确定中标人前，招标人不得与投标人就投标价格、投标方案等实质性内容进行谈判"。在合理选择中标人方面，第四十一条规定，中标人的投标应当"能够最大限度地满足招标文件中规定的各项综合评价标准"或"能够满足招标文件的实质性要求，并且经评审的投标价格最低；但是投标价格低于成本的除外"。《招标投标法》明确了招标投标双方的权利和义务，提供了招标投标活动的操作原则。《招标投标法》对于保证招标投标活动的公平合理、有效竞争，以及工程造价的合理确定、有效控制等方面都具有重要意义。

（3）《民法典》

《民法典》第三编《合同》中的法律条款，其内容主要有合同的订立、合同的效力、合同的履行、合同的保全、合同的变更和转让、合同的权利义务终止，以及违约责任等。建筑工程承发包活动作为一种民事契约行为，应当严格遵照《民法典》的有关规定。《民法典》中规定，合同的内容应当包括当事人的姓名或者名称和住所、标的、数量、质量、价款或者报酬、履行期限、地点和方式、违约责任以及解决争议的方法等。建设工程造价管理活动中，通过合同实现的承发包最终价格是业主方、承包方以及监理方进行造价管理的主要依据，也是建筑工程造价管理运行机制的节点。《民法典》从法律的角度将各方的造价管理结合在一起形成一个兼顾各方利益的运行机制，对合同管理过程中的常规问题都有明确规定。《民法典》第七百八十八条规定："建设工程合同是承包人进行工程建设，发包人支付价款的合同。"这是建设工程管理使用最多的合同。工程建设过程中涉及的其他主要合同，如设备材料的买卖合同、建设工程监理合同、货物运输合同、工程建设资金借款合同、机械设备租赁合同等也应当遵守《民法典》的规定。《民法典》规范了合同的管理工作，强化了合同的法律效力，为合同的管理提供了法律依据。

（4）《价格法》

《价格法》的内容包括经营者的价格行为、政府的定价行为、价格总水平调控、价格监督检查以及法律责任等。建筑工程造价的确定要依据市场的价格体系，应当遵从《价格法》的规定。

《价格法》第二条规定："本法所称价格包括商品价格和服务价格。商品价格是指各类有形产品和无形资产的价格。服务价格是指各类有偿服务的收费。"

《价格法》第八条规定："经营者定价的基本依据是生产经营成本和市场供求状况。"

《价格法》第九条规定："经营者应当努力改进生产经营管理，降低生产经营成本，为消费者提供价格合理的商品和服务，并在市场竞争中获取合法利润。"

由此可见，《价格法》指明了建筑工程造价的形成应当以建筑生产经营成本为依据，还要结合建筑市场供求状况，并加上合理的竞争利润。因此，工程商品的价格、咨询服务的费用、建设承发包的定价、委托监理的合同价均应以《价格法》为依据。

2.相关行政法规

我国现行的行政法规中，与工程造价管理相关的主要有《建设工程质量管理条例》《建设工程勘察设计管理条例》等。

（1）《建设工程质量管理条例》

《建设工程质量管理条例》的内容主要包括建设单位、勘察设计单位、施工单位和工程监理单位的质量责任和义务，以及建设工程质量保修、监督管理、罚则等。《建设工程质量管理条例》从建设工程质量角度出发，在保证工程质量的前提下，提出了对于工程造价控制的要求，从而调整了建设工程质量管理与工程造价管理的关系。《建设工程质量管理条例》明确了参建各方对于工程质量管理的责任和义务，并对工程质量强制性标准作出了明确的规定，对保证工程质量、控制工程质量成本、提高投资效益具有重要的意义。

（2）《建设工程勘察设计管理条例》

《建设工程勘察设计管理条例》主要包括勘察设计单位的资质资格管理、建设工程勘察设计发包与承包、建设工程勘察设计文件的编制与实施、监督管理等内容。工程勘察设计阶段的花费较小,但是勘察设计的结果对工程造价的影响巨大。《建设工程勘察设计管理条例》第三条规定"建设工程勘察、设计应当与社会、经济发展水平相适应,做到经济效益、社会效益和环境效益相统一"。这阐明了工程勘察设计的目的不单是满足使用要求,还应注重经济效益,进而需加强工程勘察设计阶段的造价管理工作。勘察设计阶段形成的工作成果将作为工程造价管理的重要依据。严格遵循《建设工程勘察设计管理条例》,能够提高勘察设计工作质量,有利于工程造价的事前管理。

3.相关部门规章

建设领域部门规章由国务院各部委根据法律、行政法规发布,其中综合性规章主要由住房和城乡建设部或联合其他部委共同发布。其他部委主要颁布与本部门管辖范围内的专业工程相关的规定。部门规章对全国有关行政管理部门具有约束力,但效力低于行政法规。国家对建设工程造价管理的一个重要方面是通过各部委制定规章,约束、指导建设工程参建各方对造价进行有效管理。这些规章经过不断完善,已形成体系,并渗透在整个建设过程中。

(二)计价模式和计价依据

计价模式是指根据计价依据计算工程造价的程序和方法,具体包括工程造价的构成、计价的程序、计价的方式以及最终价格的确定等。计价模式对工程造价起着十分重要的作用。首先,工程计价模式是工程造价管理的基本内容之一,是国家进行工程造价管理的手段;其次,由于建筑产品具有单件性、固定性和建造周期长等特点,必须根据计算工程造价的基础资料,借助一种特殊的计价程序,并依据其各自的功能与特定条件进行单独计价。计价模式对于工程造价的管理起到十分重要的作用。

计价依据是指用以计算工程造价的基础资料的总称,它具有一定的权威性和较强的指导性。计价依据必须满足以下特点:准确可靠,符合实际;可信度高,有权威性;数据化表达,便于计算;定性描述清晰,便于正确利用。计价模式和计价依据是政府管理工程造价的介质,是业主方、承包方、咨询单位进行具体工程管理的规范依据,是工程造价管理市场发展的决定因素,属于工程造价管理制度的范畴。

第二章　建筑工程成本管理

第一节　建筑工程项目成本管理概述

一、建筑工程项目成本的概念、构成及形式

（一）建筑工程项目成本的概念

建筑项目成本是为完成一定的建筑工程和设备安装工程所消耗的生产资料价值和支付给劳动者的劳动报酬，以货币形式表示，其包括消耗的原材料、辅助材料、构配材料等费用，周转材料的摊销费或租赁费，施工机械的使用费或租赁费，支付给生产工人的工资、奖金、工资性质的津贴等，以及进行施工组织与管理所发生的全部费用支出。

（二）建筑工程项目成本的构成

按照国家现行制度的规定，施工过程中所发生的各项费用支出均应计入施工项目成本。在经济运行过程中，没有一种单一的成本概念能适用于不同的场合，不同的研究目的需要不同的成本概念。成本按性质可分为直接成本和间接成本两部分。

1.直接成本

直接成本是指施工过程中直接耗费的构成工程实体或有助于工程实体形成的各项费用支出，是可以直接计入工程对象的费用，包括人工费、材料费、施工机具使用费和施工措施费等。

2.间接成本

间接成本是指为施工准备、组织和管理施工生产的全部费用的支出，是非直接用于也无法直接计入工程对象，但为进行工程施工所必须发生的费用，包括管理人员工资、办公费、差旅交通费等。

对于企业所发生的企业管理费用、财务费用和其他费用，则按规定计入当期损益，亦即计为期间成本，不得计入施工项目成本。

企业下列支出既不能列入施工项目成本，也不能列入企业成本，如购置和建造固定资产、无形资产和其他资产的支出；对外投资的支出；被没收的财物；支付的滞纳金、罚款、违约金、赔偿金、企业赞助和捐赠支出等。

（三）建筑工程项目成本的形式

依据成本管理的需要，施工项目成本的形式要从不同的角度来考察。

1.事前成本和事后成本

根据成本控制要求，施工项目成本可分为事前成本和事后成本。

（1）事前成本

工程成本的计算和管理活动是与工程实施过程紧密联系的。在实际成本发生和工程结算之前所计算和确定的成本都是事前成本，它带有预测性和计划性。常用的概念有预算成本（包括施工图预算、标书合同预算）和计划成本（包括责任目标成本—企业计划成本、施工预算—项目计划成本）。

①预算成本。工程预算成本反映各地区建筑业的平均成本水平。它是根据施工图，以全国统一的工程量计算规则计算出来的工程量，按《全国统一建筑工程基础定额》《全国统一安装工程预算定额》和由各地区的人工日工资单价、材料价格、机械台班单价，并按有关费用的取费费率进行计算，包括直接费用和间接费用。预算成本又称施工图预算成本，它是确定工程成本的基础，也是编制计划成本、评价实际成本的依据。

②计划成本。施工项目计划成本是指施工项目经理部根据计划期的有关资料（如工程的具体条件和施工企业为实现该项目的各项技术组织措施），在实际成本发生前预先计算的成本；也就是说，它是根据反映本企业生产水平的企业定额计划得到的成本计算数额，反映了企业在计划期内应达到的成本水平，它既是项目成本管理的目标也是控制项目成本的标准。成本计划对加强施工企业和项目经理部的经济核算，建立和健全施工项

目成本管理责任制，控制施工过程中的生产费用，以及降低施工项目成本，具有十分重要的作用。

（2）事后成本

事后成本即实际成本。它是施工项目在报告期内实际发生的各项生产费用支出的总和。将实际成本与计划成本比较，可反映成本的节约和超支情况，考核企业施工技术水平及技术组织措施的贯彻执行情况和企业的经营效果。实际成本与预算成本比较，可以反映工程项目盈亏情况。因此，计划成本和实际成本都反映了施工企业的成本水平，它与建筑施工企业本身的生产技术水平、施工条件及生产管理水平相对应。

2.固定成本和可变成本

按生产费用与工程量的关系，工程成本有时又划分为固定成本和可变成本，其主要目的是进行成本分析，寻求降低成本的途径。

（1）固定成本

固定成本指在一定期间和一定的工程量范围内，其发生的成本额不受工程量增减变动的影响而相对固定的成本，如折旧费、大修理费、管理人员工资、办公费、照明费等。这一成本是为了保持一定的生产管理条件而发生的。项目的固定成本每月基本相同，但是当工程量超过一定范围需要增添机具设备或管理人员时，固定成本将会发生变动。此外，所谓固定，是对其总额而言，而分配到单位工程量上的固定成本是变动的。

（2）可变成本

可变成本指发生总额随着工程量的增减变动而成正比例变动的费用，如直接用于工程的材料费、实行计件工资制的人工费等。所谓可变，是对总额而言，分配到单位工程量上的可变成本是不变的。

将施工过程中发生的全部成本划分为固定成本和可变成本，对于成本管理和成本决策具有重要作用。由于固定成本是维持生产能力必需的费用，要降低单位工程量的固定费用，就需从提高劳动生产率、增加总工程量数额并降低固定成本的绝对值入手，降低可变成本就需从降低单位工程量的消耗入手。

二、建筑工程项目成本管理概念

施工成本管理就是指在保证工期和质量满足要求的情况下，采取相应管理措施，包括组织措施、经济措施、技术措施、合同措施，把成本控制在计划范围内，并进一步寻求最大限度的成本节约。

项目成本管理的重要性主要体现在以下方面：

（1）项目成本管理是项目实现经济效益的内在基础；

（2）项目成本管理是动态反映项目一切活动的最终水准；

（3）项目成本管理是确立项目经济责任机制，实现有效控制和监督的手段。

三、建筑工程项目成本管理的内容

项目成本管理的内容包括：成本预测、成本计划、成本控制、成本核算、成本分析和成本考核等。项目经理部在项目施工过程中对所发生的各种成本信息，通过有组织、有系统地进行预测、计划、控制、核算和分析等工作，使工程项目系统内各种要素按照一定的目标运行，从而将工程项目的实际成本控制在预定的计划成本范围内。

1.成本预测

项目成本预测是通过成本信息和工程项目的具体情况，并运用专门的方法，对未来的成本水平及其可能的发展趋势作出科学的估计，其实质就是在施工以前对成本进行核算。项目成本预测是项目成本决策与计划的依据。

2.成本计划

项目成本计划是项目经理部对项目施工成本进行计划管理的工具。它是以货币形式编制工程项目在计划期内的生产费用、成本水平、成本降低率以及为降低成本所采取的主要措施和规划的书面方案。它是建立项目成本管理责任制、进行成本控制和核算的基础。一般来说，一个项目成本计划应包括从开工到竣工所必需的施工成本，它是降低项目成本的指导文件，是设立目标成本的依据。

3.成本控制

项目成本控制是指在施工过程中，对影响项目成本的各种因素加强管理，并采取各种有效措施，将施工中实际发生的各种消耗和支出严格控制在成本计划范围内，随时揭示并及时反馈，严格审查各项费用是否符合标准、计算实际成本和计划成本之间的差异并进行分析，消除施工中的损失浪费现象，发现和总结先进经验。成本控制的最终目标是实现甚至超过预期的成本节约目标。项目成本控制应贯穿在工程项目从招投标阶段开始直到项目竣工验收的全过程，它是企业全面成本管理的重要环节。

4.成本核算

项目成本核算是通过一定的方式方法对项目施工过程中发生的各种费用成本进行逐一统计考核的一种科学管理活动。一是按照规定的成本、开支范围对施工费用进行归集，计算出施工费用的实际发生额；二是根据成本核算对象，采用适当的方法，计算出该工程项目的总成本和单位成本。项目成本核算所提供的各种成本信息，是成本预测、成本计划、成本控制、成本分析和成本考核等各个环节的依据。因此，加强项目成本核算工作，对降低项目成本、提高企业的经济效益有积极的作用。

5.成本分析

项目成本分析是在成本形成过程中，对项目成本进行的对比评价和剖析总结工作，它贯穿项目成本管理的全过程。项目成本分析主要利用工程项目的成本核算资料（成本信息），与目标成本（计划成本）、预算成本以及类似的工程项目的实际成本等进行比较，了解成本的变动情况，同时也要分析主要技术经济指标对成本的影响，系统地研究成本变动的因素，检查成本计划的合理性，并通过成本分析，深入揭示成本变动的规律，寻找降低项目成本的途径，以便有效地进行成本控制。

6.成本考核

成本考核是指在项目完成后，对项目成本形成中的各责任者，按项目成本目标责任制的有关规定，将成本的实际指标与计划、定额、预算进行对比和考核，评定项目成本计划的完成情况和各责任者的业绩，并以此给以相应的奖励和处罚。通过成本考核，做到有奖有惩，赏罚分明，才能有效地调动企业的每一个职工在各自的施工岗位上努力完成目标成本的积极性，为降低项目成本和增加企业的税累作出自己的贡献。

四、建筑工程项目成本管理的措施

为了取得建筑工程项目成本管理的理想成效，应当从多方面采取措施实施管理。通常可以将这些措施归纳为组织措施、技术措施、经济措施和合同措施。

（一）组织措施

组织措施是从施工成本管理的组织方面采取的措施。施工成本控制是全员的活动，如实行项目经理责任制，落实施工成本管理的组织机构和人员，明确各级施工成本管理人员的任务和职能分工、权利和责任。施工成本管理不仅是专业成本管理人员的工作，各级项目管理人员也负有成本控制责任。

组织措施的另一方面是编制施工成本控制工作计划，确定合理详细的工作流程。要做好施工采购规划，通过生产要素的优化配置、合理使用、动态管理，有效控制实际成本；加强施工定额管理和施工任务单管理，控制活劳动和物化劳动的消耗；加强施工调度，避免因施工计划不周和盲目调度造成窝工损失、机械利用率低和物料积压等，而使施工成本增加。成本控制工作只有建立在科学管理的基础之上，具备合理的管理体制、完善的规章制度、稳定的作业秩序、完整准确的信息传递，才能取得成效。组织措施是其他各类措施的前提和保障，而且一般不需要增加什么费用，运用得当可以收到良好的效果。

（二）技术措施

施工过程中降低成本的技术措施包括进行技术经济分析，确定最佳的施工方案；结合施工方法，进行材料使用的比选，在满足功能要求的前提下，通过代用、改变配合比、使用添加剂等方法降低材料消耗的费用；确定最合适的施工机械、设备使用方案。结合项目的施工组织设计及自然地理条件，降低材料的库存成本和运输成本；先进的施工技术的应用、新材料的运用、新开发机械设备的使用等。在实践中，也要避免仅从技术角度选定方案而忽视对其经济效益的分析论证。

技术措施不仅对解决施工成本管理过程中的技术问题是不可缺少的，而且对纠正施工成本管理目标偏差也有相当重要的作用。因此，运用技术纠偏措施的关键，一是要能提出多个不同的技术方案，二是要对不同的技术方案进行技术经济分析。

（三）经济措施

经济措施是最易为人们所接受和采用的措施。管理人员应编制资金使用计划，确定、分解施工成本管理目标。对施工成本管理目标进行风险分析，并制定防范性对策。对各种支出，应认真做好资金的使用计划，并在施工过程中严格控制各项开支。及时准确地记录、收集、整理、核算实际发生的成本。对各种变更，及时做好增减账，及时落实业主签证，及时结算工程款。通过偏差分析和未完工程预测，可发现一些潜在的引起未完工程施工成本增加的问题。对这些问题应以主动控制为出发点，及时采取预防措施。由此可见，经济措施的运用绝不仅仅是财务人员的事情。

（四）合同措施

采用合同措施控制施工成本，应贯穿整个合同周期，包括从合同谈判开始到合同终结的全过程。首先是选用合适的合同结构，对各种合同结构模式进行分析、比较，在合同谈判时，要争取选用适合于工程规模、性质和特点的合同结构模式。其次，在合同的条款中应仔细考虑一切影响成本和效益的因素，特别是潜在的风险因素。通过对引起成本变动的风险因素的识别和分析，采取必要的风险对策，如通过合理的方式，增加承担风险的个体数量，降低损失发生的比例，并最终使这些策略反映在合同的具体条款中。在合同执行期间，既要密切注视对方合同执行的情况，以寻求合同索赔的机会，同时也要密切关注自己履行合同的情况，以防止被对方索赔。

五、建筑工程项目成本管理的原则

建筑工程项目成本管理需要遵循以下六项原则：

（1）领导者推动的原则；

（2）以人为本，全员参与的原则；

（3）目标分解，责任明确的原则；

（4）管理层次与管理内容一致性的原则；

（5）动态性、及时性、准确性的原则；

（6）过程控制与系统控制的原则。

六、建筑工程项目成本管理影响因素和责任体系

（一）项目成本管理影响因素

影响项目成本管理的主要因素有以下几方面：投标报价；合同价；施工方案；施工质量；施工进度；施工安全；施工现场平面管理；工程变更；索赔费用等。

（二）项目成本管理责任体系

建立健全的项目全面成本管理责任体系，有利于明确业务分工和成本目标的分解，层层落实，保证成本管理控制措施的具体实施。根据成本运行规律，成本管理责任体系应包括组织管理层和项目经理部。

1.组织管理层

组织管理层主要是设计和建立项目成本管理体系、组织体系的运行，行使管理和监督职能。它的成本管理除生产成本，还包括经营成本管理。负责项目全面成本管理的决策，确定项目的合同价格和成本计划，确定项目管理层的成本目标。

2.项目经理部

项目经理部是组织项目部人员执行组织确定的项目成本管理目标，发挥现场生产成本控制中心的管理职能。其负责项目生产成本的管理，实施成本控制，实现项目管理目标责任书的成本目标。

第二节　建筑工程项目成本预测和计划

一、建筑工程项目成本预测的概念

成本预测，就是依据成本的历史资料和有关信息，在认真分析当前各种技术经济条件、外界环境变化及可能采取的管理措施的基础上，对未来的成本与费用及其发展趋势所作的定量描述和逻辑推断。

项目成本预测是通过成本信息和工程项目的具体情况，对未来的成本水平及其可能发展趋势作出科学的估计，其实质就是工程项目在施工以前对成本进行核算。成本预测使项目经理部在满足业主和企业要求的前提下，确定工程项目降低成本的目标，克服盲目性，提高预见性，为工程项目降低成本提供决策与计划的依据。

二、建筑工程项目成本预测的意义

（一）成本预测是投标决策的依据

建筑施工企业在选择投标项目的过程中，往往需要根据项目是否盈利、利润大小等因素来确定是否投标。

（二）成本预测是编制成本计划的基础

计划是管理的第一步。正确可靠的成本计划，必须遵循客观经济规律，从实际出发，对成本作出科学的预测。这样才能保证成本计划不脱离实际，切实起到控制成本的作用。

（三）成本预测是成本管理的重要环节

成本预测是推算成本水平变化的趋势及其规律，预测实际成本。它是预测和分析相结合，是事后反馈与事前控制相结合。通过成本预测，可以发现问题，找出薄弱环节，从而有效控制成本。

三、建筑工程成本预测程序

科学、准确的预测必须遵循合理的预测程序。

（一）制订预测计划

制订预测计划是预测工作顺利进行的保证。预测计划的内容主要包括：组织领导及工作布置、配合的部门、时间进度、搜集材料的范围等。

（二）搜集整理预测资料

根据预测计划，搜集预测资料是进行预测的重要条件。预测资料一般有纵向和横向两方面的资料。纵向资料是企业成本费用的历史数据，据此分析其发展趋势；横向资料是指同类工程项目、同类施工企业的成本资料，据此分析所预测项目与同类项目的差异，并作出估计。

（三）选择预测方法

成本预测方法可以分为定性预测法和定量预测法。

1.定性预测法

定性预测法是根据预测者的经验和专业知识进行判断的一种预测方法。常用的定性预测法有：管理人员判断法、专业人员意见法、专家意见法及市场调查法等。

2.定量预测法

定量预测法是利用历史资料以及成本与影响因素之间的数量关系，通过一定的数学模型来推测、计算未来成本的可能结果的方法。

（四）成本初步预测

根据定性预测法及一些横向成本资料的定量预测，对成本进行初步估计。这一步的结果往往比较粗糙，需要结合现在的成本水平进行修正，只有这样才能保证预测结果的质量。

（五）影响成本水平的因素预测

影响成本水平的因素主要有：物价变化、劳动生产率、物料消耗指标、项目管理费开支、企业管理层次等。可根据近期内工程实施情况、本企业及分包企业情况、市场行情等，推测未来哪些因素会对成本水平产生影响，其影响结果如何。

（六）成本预测

根据初步的成本预测以及对成本水平变化因素预测结果，确定成本情况。

（七）分析预测误差

成本预测往往与实施过程中及其后的实际成本有出入，而产生预测误差。预测误差的大小，反映了预测准确程度的高低。如果误差较大，应分析产生误差的原因，并总结经验。

四、建筑工程项目成本预测方法

（一）定性预测法

成本的定性预测指成本管理人员根据自身专业知识和实践经验，通过调查研究，利用已有资料，对成本的发展趋势及可能达到的水平所作的分析和推断。由于定性预测主要依靠管理人员自身的素质和判断力，因而这种方法必须建立在对工程项目成本的历史资料、现状及影响因素深刻了解的基础之上。

定性预测偏重对市场行情的发展方向和施工中影响项目成本的各种因素的分析，其能够发挥专家经验和主观能动性，比较灵活，可以较快地提出预测结果。但进行定性预测时，也要尽可能地搜集数据，运用数学方法，其结果通常也是从数量上测算。这种方法简便易行，在资料不多、难以进行定量预测时最为适合。

在项目成本预测过程中，经常采用的定性预测方法主要有：经验评判法、专家会议法、德尔菲法和主观概率法等。

（二）定量预测方法

定量预测方法也称统计预测方法，它是根据已掌握的比较完备的历史统计数据，运用一定数学方法进行科学的加工整理，借以揭示有关变量之间的规律性联系，从而预测未来发展变化情况。

定量预测偏重数量方面的分析，重视预测对象的变化程度，能将变化程度在数量上准确地描述；它需要积累和掌握历史统计数据和客观实际资料，以作为预测的依据。定量预测主要是运用数学方法进行处理分析，受主观因素影响较少。

定量预测的主要方法有：算术平均法、回归分析法、高低点法、量本利分析法和因素分析法。

五、建筑工程项目的目标成本

所谓目标成本，即项目（或企业）对未来产品成本所规定的奋斗目标。它比已经达到的实际成本要低，但又是经过努力可以达到的。目标成本管理是现代企业经营管理的重要组成部分，它是市场竞争的需要，是企业挖掘内部潜力、不断降低产品成本、提高企业整体工作质量的需要，是衡量企业实际成本节约或开支，考核企业在一定时期内成本管理水平的依据。

施工项目的成本管理实质就是一种目标管理。项目管理的最终目标是低成本、高质量、短工期，而低成本是这三大目标的核心和基础。目标成本有很多形式，在制定目标成本并将其作为编制施工项目成本计划和预算的依据时，可以将计划成本、定额成本或标准成本作为目标成本，随成本计划编制方法的变化而变化。

一般而言，目标成本的计算公式如下：

项目目标成本＝预计结算收入－税金－项目目标利润；

目标成本降低额＝项目的预算成本－项目的目标成本；

目标成本降低率＝目标成本降低额÷项目的预算成本。

六、建筑工程项目成本计划的编制依据

编制成本计划的过程是动员全体施工项目管理人员的过程，是挖掘降低成本潜力的过程，是检验施工技术质量管理、工期管理、物资消耗和劳动力消耗管理等是否落实的过程。

（1）承包合同。施工承包合同文件除包括合同文本外，还包括招标文件、投标文件、设计文件等。合同中的工程内容、数量、规格、质量、工期和支付条款都将对工程的成本计划产生重要的影响，因此承包方在签订合同前应进行认真的研究与分析，在正确履约的前提下降低工程成本。

（2）项目管理实施规划。项目管理实施规划是以工程项目施工组织设计文件为核心的项目实施技术方案与管理方案，其是在充分调查和研究现场条件及有关法律法规的基础上制定的。不同实施条件下的技术方案和管理方案，会导致不同的工程成本。

（3）可行性研究报告和相关设计文件。

（4）已签订的分包合同（或估价书）。

（5）生产要素价格信息。其主要包括人工、材料、机械台班的市场价；企业颁布的材料指导价、企业内部机械台班价格、劳动力内部挂牌价格；周转设备内部租赁价格、摊销损耗标准；结构件外加工计划和合同等。

（6）反映企业管理水平的消耗定额（企业施工定额），以及类似工程的成本资料。

七、建筑工程项目成本计划的内容

（一）项目成本计划的组成

施工项目的成本计划，一般由施工项目直接成本计划和间接成本计划组成。如果项目设有附属生产单位，成本计划还包括产品成本计划和作业成本计划。

1.直接成本计划

直接成本计划主要反映工程成本的预算价值、计划降低额和计划降低率。直接成本计划一般包括以下内容：

（1）编制说明。编制说明指对工程的范围、投标竞争过程及合同条件、承包人对项目经理提出的责任成本目标、项目成本计划编制的指导思想和依据等的具体说明。

（2）项目成本计划的指标。项目成本计划的指标应经过科学的分析预测，可以采用对比法、因素分析法等进行测定。

（3）按工程量清单列出的单位工程计划成本汇总表。

（4）按成本性质划分的单位工程成本汇总表，即根据清单项目的造价分析，分别对人工费、材料费、机械费、措施费、企业管理费和税费进行汇总，形成单位工程成本计划表。

2.间接成本计划

间接成本计划主要反映施工现场管理费用的计划数、预算收入数及降低额。间接成本计划应根据工程项目的核算期，以项目总收入费的管理费为基础，制订各部门的收支计划，汇总后作为工程项目的管理费用的计划。在间接成本计划中，收入应与取费口径一致，支出应与会计核算中管理费用的二级科目一致。间接成本计划的收支总额，应与项目成本计划中管理费一栏的数额相符。各部门应按照节约开支、压缩费用的原则，制定"管理费用归口包干指标落实办法"，以保证该计划的实施。

（二）项目成本计划表

1.项目成本计划任务表

项目成本计划任务表主要是反映项目预算成本、计划成本、成本降低额、成本降低率的文件，是落实成本降低任务的依据。

2.项目间接成本计划表

项目间接成本计划表主要指施工现场管理费计划表，其主要反映发生在项目经理部的各项施工管理费的预算收入、计划数和降低额。

3.项目技术组织措施表

项目技术组织措施表由项目经理部有关人员分别就应采取的技术组织措施预测它的经济效益，最后汇总编制而成。编制技术组织措施表的目的是在不断采用新工艺、新技术的基础上提高施工技术水平，改善施工工艺过程，推广工业化、机械化施工方法，以及通过采纳合理化建议达到降低成本的目的。

4.项目降低成本计划表

项目降低成本计划表是根据企业下达给该项目的降低成本任务和该项目经理部自己确定的降低成本指标而制订出项目成本降低计划,它是编制成本计划任务表的重要依据。项目降低成本计划表是由项目经理部有关业务和技术人员编制的。其依据的是项目的总包和分包的分工,以及项目中各有关部门提供的降低成本资料及技术组织措施计划。在编制降低成本计划表时,还应参照企业内外以往同类项目成本计划的实际执行情况。

八、项目成本计划编制的方法

(一)施工预算法

施工预算法,是指以施工图中的工程实物量,套以施工工料消耗定额,计算工料消耗量,并进行工料汇总,然后统一以货币形式反映其施工生产耗费水平的方法。

采用施工预算法编制项目成本计划,是以单位工程施工预算为依据,并考虑结合技术节约措施计划,以进一步降低施工生产耗费水平。

施工预算法公式:计划成本=施工预算成本-技术节约措施计划节约额。

(二)技术节约措施法

技术节约措施法是指以该工程项目计划采取的技术组织措施和节约措施所能取得的经济效果为项目成本降低额,然后求工程项目的计划成本的方法。用公式表示为:

工程项目计划成本=工程项目预算成本-技术节约措施计划节约额(成本降低额)。

(三)成本习性法

成本习性法是固定成本和可变成本在编制成本计划中的应用。将成本按其习性,分成固定成本和可变成本两类,以此计算计划成本。具体划分可采用按费用分解的方法。

(1)材料费。材料费与产量有直接联系,属于变动成本。

(2)人工费。在计时工资形式下,生产工人工资属于固定成本,因为不管生产任务完成与否,工资照发,与产量增减无直接联系;如果采用计件超额工资形式,其计件工资部分属于变动成本,奖金、效益工资和浮动工资部分,亦应计入变动成本。

（3）机械使用费。机械使用费中有些费用随产量增减而变动，如燃料费、动力费等，属变动成本；有些费用不随产量变动，如机械折旧费、大修理费、机修工和操作工的工资等，属于固定成本。此外，还有机械的场外运输费和机械组装拆卸、替换配件、润滑擦拭等经常修理费，由于不直接用于生产，也不随产量增减呈正比例变动，而是在生产能力得到充分利用，产量增长时，所分摊的费用就少些，在产量下降时，所分摊的费用就要大一些，所以这部分费用为介于固定成本和可变成本之间的半变动成本，可按一定比例划为固定成本和变动成本。

（4）措施费。措施费是指水、电、风、气等费用以及现场发生的其他费用，多数与产量发生联系，属于可变成本。

（5）施工管理费。施工管理费中大部分在一定产量范围内与产量的增减没有直接联系，如工作人员工资、生产工人辅助工资、工资附加费、办公费、差旅交通费、固定资产使用费、职工教育经费、上级管理费等，大多属于固定成本；检验试验费、外单位管理费等与产量增减有直接联系的，则属于可变成本范围。此外，劳动保护费中的劳保服装费、防暑降温费、防寒用品费，劳动部门都有规定的领用标准和使用年限，大多属于固定成本；技术安全措施费、保健费等大部分与产量有关的，则属于可变成本范围。在工具用具使用费中，行政使用的家具费属于固定成本；工人领用工具，随管理制度不同而不同，有些企业对机修工、电工、钢筋、车工、钳工、刨工的工具按定额配备，规定使用年限，定期以旧换新，属于固定成本；而对民工、木工、抹灰工、油漆工的工具采取定额人工数、定价包干，则又属于可变成本。

在成本按习性划分为固定成本和可变成本后，可用下列公式计算：

工程项目计划成本=项目可变成本总额+项目固定成本总额。

第三节　建筑工程项目成本控制与核算

一、建筑工程项目成本控制概要

（一）项目成本控制的概念

项目成本控制是指项目经理部在项目成本形成的过程中，为控制人、机、材消耗和费用支出，降低工程成本，达到预期的项目成本目标所进行的成本预测、计划、实施、核算、分析、考核、整理成本资料与编制成本报告等一系列活动。

项目成本控制是在成本发生和形成的过程中，对成本进行的监督检查。成本的发生和形成是一个动态的过程，这就决定了项目成本控制也应该是一个动态过程，因此也可称为成本的过程控制。

（二）项目成本控制的依据

1.项目承包合同文件

项目成本控制要以工程承包合同为依据。围绕降低工程成本这个目标，从预算收入和实际成本两方面，努力挖掘增收节支潜力，以求获得最大的经济效益。

2.项目成本计划

项目成本计划是根据工程项目的具体情况制定的施工成本控制方案，既包括预定的具体成本控制目标，又包括实现控制目标的措施和规划，是项目成本控制的指导文件。

3.进度报告

进度报告提供了每一时刻工程实际完成量，工程施工成本实际支付情况等重要信息。施工成本控制工作正是通过实际情况与施工成本计划相比较，找出二者之间的差别，分析偏差产生的原因，从而采取措施改进以后的工作。此外，进度报告还有助于管理者及时发现工程实施过程中存在的隐患，并在事态还未造成重大损失之前采取有效措施，尽量避免损失。

4.工程变更与索赔资料

在项目的实施过程中，由于各方面的原因，工程变更是很难避免的。工程变更一般包括设计变更、进度计划变更、施工条件变更、技术规范与标准变更、施工次序变更、工程数量变更等。一旦出现变更，工程量、工期、成本都必将发生变化，从而使得施工成本控制工作变得更加复杂和困难。因此，施工成本管理人员应当通过对变更要求中各类数据的计算、分析，随时掌握变更情况，包括已发生工程量、将要发生工程量、工期是否拖延、支付情况等重要信息，以判断变更以及变更可能带来的索赔额度等。

除上述几种项目成本控制工作的主要依据外，有关施工组织设计、分包合同文本等也是项目成本控制的依据。

（三）项目成本控制的要求

项目成本控制应满足下列要求：

（1）要按照计划成本目标值来控制生产要素的采购价格，并认真做好材料、设备进场数量和质量的检查、验收与保管工作。

（2）要控制生产要素的利用效率和消耗定额，如任务单管理、限额领料、验工报告审核等。同时，要做好不可预见成本风险的分析和预控，编制相应的应急措施等。

（3）控制影响效率和消耗量等其他因素（如工程变更等）所引起的成本增加。

（4）把项目成本管理责任制与对项目管理者的激励机制结合起来，以增强管理人员的成本意识和控制能力。

（5）承包人必须有一套健全的项目财务管理制度，按规定的权限和程序对项目资金的使用和费用的结算支付进行审核、审批，使其成为项目成本控制的一个重要手段。

（四）项目成本控制的原则

1.全面控制原则

（1）项目成本的全员控制。

（2）项目成本的全过程控制。

（3）项目成本的全企业各部门控制。

2.动态控制原则

（1）项目施工具有一次性特征，其成本控制应更重视事前、事中控制。

（2）编制成本计划，制定或修订各种消耗定额和费用开支标准。

（3）施工阶段重在执行成本计划，落实降低成本措施，实行成本目标管理。

（4）建立灵敏的成本信息反馈系统。各责任部门能及时获得信息，纠正不良成本偏差。

3.节约原则

（1）编制工程预算时，应"以支定收"，保证预算收入；在施工过程中，要"以收定支"，控制资源消耗和费用支出。

（2）严格控制成本开支范围，以及费用开支标准和有关财务制度，对各项成本费用的支出进行限制和监督。抓住索赔时机，搞好索赔，合理力争甲方给予经济补偿。

除此之外，还有目标管理原则；责、权、利相结合原则，以及开源与节流相结合原则等。

二、建筑工程项目成本控制实施的步骤

在确定了项目施工成本计划之后，必须定期进行施工成本计划值与实际值的比较。当实际值偏离计划值时，分析产生偏差的原因，采取适当的纠偏措施，以确保施工成本控制目标的实现。其实施步骤如下：

（一）比较

按照某种确定的方式将施工成本计划值与实际值逐项进行比较，以发现施工成本是否已超支。

（二）分析

在比较的基础上，对比较的结果进行分析，以确定偏差的严重性及偏差产生的原因，这是施工成本控制工作的核心。其主要目的在于找出产生偏差的原因，从而采取具有针对性的措施，减少或避免相同原因的事件再次发生或减少由此造成的损失。

（三）预测

根据项目实施情况估算整个项目完成时的施工成本。预测的目的在于为决策提供支持。

（四）纠偏

当工程项目的实际施工成本出现了偏差时，应当根据工程的具体情况、偏差分析和预测的结果，采取适当的措施，以期达到使施工成本偏差尽可能小的目的。纠偏是施工成本控制中最具实质性的一步，只有通过纠偏，才能最终达到有效控制施工成本的目的。

（五）检查

检查是指对工程的进展进行跟踪和检查，及时了解工程进展状况以及纠偏措施的执行情况和效果，为今后的工作积累经验。

三、建筑工程项目成本控制的对象和内容

（一）项目成本控制的对象

（1）以项目成本形成的过程作为控制对象。根据对项目成本实行全面、全过程控制的要求，项目成本控制具体包括：工程投标阶段成本控制；施工准备阶段成本控制；施工过程阶段成本控制；竣工验收使用阶段及保修期阶段的成本控制。

（2）以项目的职能部门、施工队和生产班组作为成本控制的对象。成本控制的具体内容是日常发生的各种费用和损失。项目的职能部门、施工队和生产班组还应对自己承担的责任成本进行自我控制，这是最直接、最有效的项目成本控制。

（3）以分部分项工程作为项目成本的控制对象。项目应该根据分部分项工程的实物量，参照施工预算定额，联系项目管理的技术素质、业务素质和技术组织措施的节约计划，编制包括工、料、机消耗数量以及单价、金额在内的施工预算，作为对分部分项工程成本进行控制的依据。

（4）以对外经济合同作为成本控制对象。在签订对外经济合同时，必须强调将合同的数量、单价、金额控制在预算收入之内。

（二）项目成本控制的内容

工程投标阶段中标以后，应根据项目的建设规模，组建与之相适应的项目经理部，同时以标书为依据确定项目的成本目标，并下达给项目经理部。

（三）施工准备阶段

根据设计图纸和有关技术资料，对施工方法、施工顺序、作业组织形式、机械设备选型、技术组织措施等进行认真的研究分析，并运用价值工程原理，制定出科学先进、经济合理的施工方案。

（四）施工过程阶段

（1）将施工任务单和限额领料单的结算资料与施工预算进行核对，计算分部分项工程的成本差异，分析差异产生的原因，并采取有效的纠偏措施。

（2）做好月度成本原始资料的收集和整理，正确计算月度成本。在月度成本核算的基础上，实行责任成本核算。

（3）经常检查对外经济合同的履约情况，为顺利施工提供物质保证。定期检查各责任部门和责任者的成本控制情况，

（五）竣工验收阶段

（1）重视竣工验收工作，顺利交付使用。在验收前，要准备好验收所需要的各种书面资料（包括竣工图）送甲方及职能部门备查；对验收中各方提出的意见，应根据设计要求和合同内容认真处理，如果涉及费用，应请甲方签证，列入工程结算。

（2）及时办理工程结算。

（3）在工程保修期间，应由项目经理指定保修工作的责任者，并责成保修责任者根据实际情况提出保修计划（包括费用计划），以此作为控制保修费用的依据。

四、建筑工程项目成本控制的实施方法

（一）以项目成本目标控制成本支出

以项目成本目标控制成本支出是指通过确定成本目标并按计划成本进行施工、资源配置，对施工现场发生的各种成本费用进行有效控制。其具体的控制方法如下：

1.人工费的控制

对人工费的控制实行"量价分离"的原则，将作业用工及零星用工按定额工日的一定比例综合确定用工数量与单价，通过劳务合同进行控制。

2.材料费的控制

材料费控制同样按照"量价分离"的原则，控制材料用量和材料价格。首先，是对材料用量的控制，在保证符合设计要求和质量标准的前提下，合理使用材料，通过材料需用量计划、定额管理、计量管理等手段，有效控制材料物资的消耗。其具体方法如下：

（1）材料需用量计划的编制实行适时性、完整性、准确性控制

在工程项目施工过程中，每月应根据施工进度计划，编制材料需用量计划。计划的适时性是指材料需用量计划的提出和进场要适时；计划的完整性是指材料需用量计划的材料品种必须齐全，材料的型号、规格、性能、质量要求等要明确；计划的准确性是指材料需用量的计算要准确，绝不能粗估冒算。材料需用量计划应包括材料需用量和材料供应量。材料需用量计划应包括两个月工程施工的材料用量。

（2）材料领用控制

材料领用控制是通过实行限额领料制度来控制。限额领料制度可采用定额控制和指标控制。定额控制指对于有消耗定额的材料，以消耗定额为依据，实行限额发料制度；指标控制指对于没有消耗定额的材料，实行计划管理和按指标控制制度。

（3）材料计量控制

材料计量控制是准确做好材料物资的收发计量检查和投料计量检查。计量器具要按期检验、校正，必须受控；计量过程必须受控；计量方法必须全面、准确并受控。

（4）工序施工质量控制

工程施工前道工序的施工质量往往影响后道工序的材料消耗量。首先，每个工序的

施工应时时受控，一次合格，避免因返修而增加材料消耗。

其次是材料价格的控制。材料价格主要由材料采购部门控制。由于材料价格是由买价、运杂费、运输中的合理损耗等组成，因此控制材料价格，主要是通过掌握市场信息，应用招标和询价等方式控制材料、设备的采购价格。

施工项目的材料物资，包括构成工程实体的主要材料和结构件，以及有助于工程实体形成的周转使用材料和低值易耗品。从价值角度看，材料物资的价值，占建筑安装工程造价的60%~70%，其重要程度自然是不言而喻的。材料物资的供应渠道和管理方式各不相同，控制的内容和方法也有所不同。

3.施工机械使用费的控制

合理选择施工机械设备，合理使用施工机械设备对成本控制具有十分重要的意义，尤其是高层建筑施工。据某些工程实例统计，在高层建筑地面以上部分的总费用中，垂直运输机械费用占6%~10%。由于不同的起重运输机械有不同的用途和特点，因此在选择起重运输机械时，首先应根据工程特点和施工条件确定采取何种起重运输机械的组合方式。

施工机械使用费主要由台班数量和台班单价两方面决定。为有效控制施工机械使用费支出，主要从以下几方面进行控制：

（1）合理安排施工生产,加强设备租赁计划管理,减少因安排不当引起的设备闲置。

（2）加强机械设备的调度工作，尽量避免窝工，提高现场设备利用率。

（3）加强现场机械设备的维修保养，避免因不正确使用造成机械设备的停置。

（4）做好机上人员与辅助生产人员的协调与配合，提高施工机械台班产量。

4.施工分包费用的控制

分包工程价格的高低，必然对项目经理部的施工项目成本产生一定的影响。因此，施工项目成本控制的重要工作之一是对分包价格的控制。项目经理部应在确定施工方案的初期确定需要分包的工程范围。决定分包范围的因素主要是施工项目的专业性和项目规模。对分包费用的控制，主要是要做好分包工程的询价、订立平等互利的分包合同、建立稳定的分包关系网络、加强施工验收和分包结算等工作。

（二）以施工方案控制资源消耗

资源消耗数量的货币表现大部分是成本费用。因此，资源消耗的减少，就等于成本费用的减少；控制了资源消耗，也就是控制了成本费用。

以施工方案控制资源消耗的实施步骤和方法如下：

（1）在工程项目开工前，根据施工图纸和工程现场的实际情况，制定施工方案。

（2）组织实施。施工方案是进行工程施工的指导性文件，有步骤、有条理地按施工方案组织施工，可以合理配置人力和机械，可以有计划地组织物资进场，从而做到均衡施工。

（3）采用价值工程，优化施工方案。价值工程，又称价值分析，是一门技术与经济相结合的现代化管理科学。应用价值工程，即研究在提高功能的同时不增加成本，或在降低成本的同时不影响功能，把提高功能和降低成本统一在最佳方案中。

五、建筑工程项目成本核算概要

项目成本核算是施工项目管理系统中一个极其重要的子系统，也是项目管理最根本的标志和主要内容。

项目成本核算在施工项目成本管理中的重要性体现在两个方面：一方面，它是施工项目进行成本预测、制订成本计划和实行成本控制所需信息的重要来源；另一方面，它又是施工项目进行成本分析和成本考核的基本依据。成本预测是成本计划的基础，成本计划是成本预测的结果，也是所确定的成本目标的具体化。成本控制是对成本计划的实施进行监督，以保证成本目标的实现。而成本核算则是对成本目标是否实现的最后检验。成本考核是实现决策目标的重要手段。由此可见，施工项目成本核算是施工项目成本管理中最基本的职能，离开了成本核算，就谈不上成本管理，也就谈不上其他职能的发挥。这就是施工项目成本核算与施工项目成本管理的内在联系。

（一）项目成本核算的对象

项目成本核算的对象是指在计算工程成本中确定的归集和分配生产费用的具体对象，即生产费用承担的客体。确定成本核算对象，是设立工程成本明细分类账户、归集和分配生产费用以及正确计算工程成本的前提。

成本核算对象主要根据企业生产的特点与成本管理上的要求确定。由于建筑产品的多样性和设计、施工的单件性，在编制施工图预算、制订成本计划以及与建设单位结算工程价款时，都是以单位工程为对象。因此，按照财务制度规定，在成本核算中，施工项目成本一般应以独立编制施工图预算的单位工程为成本核算对象，但也可以按照承包工程项目的规模、工期、结构类型、施工组织和现场情况等，结合成本管理要求，灵活确定成本核算对象。一般说来有以下几种确定核算对象的方法：

（1）一个单位工程由几个施工单位共同施工时，各施工单位都应以同一单位工程为成本核算对象，各自核算自行完成的部分。

（2）规范大、工期长的单位工程，可以将工程划分为若干部位，以分部位的工程作为成本核算对象。

（3）同一建设项目，由同一施工单位施工，并在同一施工地点，属于同一建设项目的各个单位工程合并作为一个成本核算对象。

（4）改建、扩建的零星工程，可根据实际情况和管理需要，以一个单项工程为成本核算对象，或将同一施工地点若干工程量较少的单项工程合并作为一个成本核算对象。

（二）项目成本核算的要求

项目成本核算的基本要求如下：

（1）项目经理部应根据财务制度和会计制度的有关规定，建立项目成本核算制度，明确项目成本核算的原则、范围、程序、方法、内容、责任及要求，并设置核算台账，记录原始数据。

（2）项目经理部应按照规定的时间间隔进行项目成本核算。

（3）项目成本核算应坚持三同步的原则，即统计核算、业务核算、会计核算三者同步进行。统计核算即产值统计，业务核算即人力资源和物质资源的消耗统计，会计核算即成本会计核算。根据项目形成的规律，这三者之间必然存在同步关系，即完成多少产值、消耗多少资源、发生多少成本，三者应该同步，否则项目成本就会出现盈亏异常情况。

（4）建立以单位工程为对象的项目生产成本核算体系。这是因为单位工程是施工企业的最终产品（成品），可独立考核。

（5）项目经理部应编制定期成本报告。

六、建筑工程项目成本核算的过程

成本的核算过程，实际上也是各成本项目的归集和分配过程。成本归集是指通过一定的会计制度，以有序的方式进行成本数据的搜集和汇总；而成本分配是指将归集的间接成本分配给成本对象的过程，也称间接成本的分摊或分派。

工程直接费用在计算工程造价时可按定额和单位估价表直接列入，但是在项目较多的单位工程施工情况下，实际发生时却有相当一部分的费用也需要通过分配方法计入。间接成本一般按一定标准分配计入成本核算对象。

七、建筑工程项目成本会计的账表

项目经理部应根据会计制度的要求，设立核算必要的账户，进行规范的核算。首先应建立三账，再由三账编制施工项目成本的会计报表，即四表。

（一）三账

三账包括工程施工账、其他直接费账和施工间接费账。

1.工程施工账

工程施工账用于核算工程项目进行建筑安装工程施工所发生的各项费用支出，是以组成工程项目成本的成本项目设专栏记载的。

工程施工账按照成本核算对象核算的要求，又分为单位工程成本明细账和工程项目成本明细账。

2.其他直接费账

其他直接费账先以其他直接费用项目设专栏记载，月终再分配计入受益单位工程的成本。

3.施工间接费账

施工间接费账用于核算项目经理部为组织和管理施工生产活动所发生的各项费用支出，以项目经理部为单位设账，按间接成本费用项目设专栏记载，月终再按一定的分配标准计入受益单位工程的成本。

（二）四表

四表包括在建工程成本明细表、竣工工程成本明细表、施工间接费表和工程项目成本表。

1.在建工程成本明细表

在建工程成本明细表要求分单位工程列示，以组成单位工程成本项目的三账汇总形成报表，账表相符，按月填表。

2.竣工工程成本明细表

竣工工程成本明细表要求在竣工点交后，以单位工程列示，与实际成本账表相符，按月填表。

3.施工间接费表

施工间接费表要求按核算对象的间接成本费用项目列示，账表相符，按月填表。

4.工程项目成本表

工程项目成本表属于工程项目成本的综合汇总表。表中除按成本项目列示外，还增加了工程成本合计、工程结算成本合计、分建成本、工程结算其他收入和工程结算成本总计等项，其综合了前三个报表，汇总反映项目成本。

第四节　建筑工程项目成本分析与考核

一、建筑工程项目成本分析概要

（一）项目成本分析的概念

项目成本分析，就是根据会计核算、业务核算和统计核算提供的资料，一方面对项目成本的形成过程和影响成本升降的因素进行分析，以寻求进一步降低成本的途径（包括项目成本中的有利偏差的挖潜和不利偏差的纠正）；另一方面，通过成本分析，可从账簿、报表反映的成本现象看清成本的实质，从而提高项目成本的透明度和可控性，为加强成本控制，实现项目成本目标创造条件。由此可见，项目成本分析，也是降低成本、提高项目经济效益的重要手段之一。

（二）项目成本分析的作用

（1）有助于恰当评价成本计划的执行结果。

（2）揭示成本节约和超支的原因，进一步提高企业管理水平。

（3）寻求进一步降低成本的途径和方法，不断提高企业的经济效益。

二、建筑工程项目成本分析的依据

（一）会计核算

会计核算主要是价值核算。会计是对一定单位的经济业务进行计量、记录、分析和检查，作出预测，参与决策，实行监督，旨在实现最优经济效益的一种管理活动。由于会计核算具有连续性、系统性、综合性等特点，所以其是施工成本分析的重要依据。

（二）业务核算

业务核算是各业务部门根据业务工作的需要而建立的核算制度，它包括原始记录和计算登记表，如单位工程及分部分项工程进度登记，质量登记，工效、定额计算登记，物资消耗定额记录，测试记录等。业务核算的范围比会计、统计核算要广，会计和统计核算一般是对已经发生的经济活动进行核算，而业务核算不但可以对已经发生的，而且还可以对尚未发生或正在发生的经济活动进行核算,看其是否可以做,是否有经济效果。它的特点是，对个别的经济业务进行单项核算。业务核算的目的，在于迅速取得资料，在经济活动中及时采取措施进行调整。

（三）统计核算

统计核算是利用会计核算资料和业务核算资料，把企业生产经营活动客观现状的大量数据，按统计方法加以系统整理，表明其规律性。它的计量尺度比会计宽，可以用货币计算，也可以用实物或劳动量计量。它通过全面调查和抽样调查等特有的方法，不仅能提供绝对数指标,还能提供相对数和平均数指标。统计核算可以计算当前的实际水平，确定变动速度，可以预测发展的趋势。

三、建筑工程项目成本分析的基本方法

项目成本分析的基本方法包括比较法、因素分析法、差额计算法和比率法等。

（一）比较法

比较法又称"指标对比分析法"，就是通过技术经济指标的对比，检查目标的完成情况，分析产生差异的原因，进而挖掘内部潜力的方法。这种方法，具有通俗易懂、简单易行、便于掌握的特点，因而得到广泛的应用。但在应用时必须注意各技术经济指标的可比性。比较法的应用，通常有以下三种形式：

（1）实际指标与目标指标对比。

（2）本期实际指标与上期实际指标对比。

（3）与本行业平均水平、先进水平对比。

（二）因素分析法

因素分析法又称连环置换法。这种方法可用来分析各种因素对成本的影响程度。在进行分析时，首先要假定众多因素中的一个因素发生了变化，而其他因素不变，然后逐个替换，分别比较其计算结果，以确定各个因素的变化对成本的影响程度。因素分析法的计算步骤如下：

（1）确定分析对象，并计算出实际与目标数的差异。

（2）确定该指标是由哪几个因素组成的，并按其相互关系进行排序（排序规则是：先实物量，后价值量；先绝对值，后相对值）。

（3）以目标数为基础，将各因素的目标数相乘，作为分析替代的基数。

（4）将各个因素的实际数按照（2）的排列顺序进行替换计算，并将替换后的实际数保留下来。

（5）将每次替换计算所得的结果，与前一次的计算结果相比较，两者的差异即为该因素对成本的影响程度。

（6）各个因素的影响程度之和，应与分析对象的总差异相等。因素分析法是把项目成本综合指标分解为各个相关联的原始因素，以确定指标变动的各因素的影响程度。它可以衡量各项因素影响程度的大小，以查明原因，改进措施，降低成本。

四、建筑工程综合成本分析方法和专项成本分析方法

（一）综合成本的分析方法

所谓综合成本，是指涉及多种生产要素，并受多种因素影响的成本费用，如分部分项工程成本、月（季）度成本、年度成本等。由于这些成本都是随着项目施工的进展而逐步形成的，与生产经营有着密切的关系。因此，做好上述成本的分析工作，无疑将促进项目成本管理，提高项目的经济效益。

1.分部分项工程成本分析

分部分项工程成本分析是施工项目成本分析的基础。分部分项工程成本分析的对象为已完成分部分项的工程。分析的方法是：进行预算成本、目标成本和实际成本的"三

算"对比，分别计算实际偏差和目标偏差，分析偏差产生的原因，为今后的分部分项工程成本寻求节约途径。

分部分项工程成本分析的资料来源是：预算成本来自投标报价成本，目标成本来自施工预算，实际成本来自施工任务单的实际工程量、实耗人工和限额领料单的实耗材料。

由于施工项目包括很多分部分项工程，不可能也没有必要对每一个分部分项工程进行成本分析。但是，对于那些主要的分部分项工程必须进行成本分析，而且要做到从开工到竣工进行系统的成本分析。这是一项很有意义的工作，因为通过主要分部分项工程成本的系统分析，可以基本上了解项目成本形成的全过程，为竣工成本分析和今后的项目成本管理提供一份宝贵的参考资料。

2.月（季）度成本分析

月（季）度成本分析，是施工项目定期的、经常性的中间成本分析。对于具有一次性特点的施工项目来说，有着特别重要的意义。因为，通过月（季）度成本分析，可以及时发现问题，以便按照成本目标指定的方向进行，并进行监督与控制，保证项目成本目标的实现。

月（季）度成本分析的依据是当月（季）的成本报表。分析的方法通常有以下几种：

（1）通过实际成本与预算成本的对比；

（2）通过实际成本与目标成本的对比；

（3）通过对各成本项目的成本分析，可以了解成本总量的构成比例和成本管理的薄弱环节；

（4）通过主要技术经济指标的实际指标与目标指标对比，分析产量、工期、质量、"三材"节约率、机械利用率等对成本的影响；

（5）通过对技术组织措施执行效果的分析，寻求更加有效的节约途径；

（6）分析其他有利条件和不利条件对成本的影响。

3.年度成本分析

企业成本要求一年结算一次，不得将本年成本转入下一年度；而项目成本则以项目的寿命周期为结算期，要求从开工、竣工到保修期结束连续计算，最后结算出成本总量及其盈亏。由于项目的施工周期一般较长，除进行月（季）度成本核算和分析外，还要进行年度成本的核算和分析。这不仅是为了满足企业汇编年度成本报表的需要，同时也是项目成本管理的需要。因为，通过年度成本的综合分析，可以总结一年来成本管理的成绩和不足，为今后的成本管理提供经验和教训，从而对项目成本进行更有效的管理。

年度成本分析的依据是年度成本报表。年度成本分析的方法，除了月（季）度成本分析的六个方面以外，重点是针对下一年度的施工进展情况规划切实可行的成本管理措施，以保证施工项目成本目标的实现。

4.竣工成本的综合分析

凡是有几个单位工程而且是单独进行成本核算（即成本核算对象）的施工项目，其竣工成本分析应以各单位工程竣工成本分析资料为基础，再加上项目经理部的经营效益（如资金调度、对外分包等所产生的效益）进行综合分析。如果施工项目只有一个成本核算对象（单位工程），就以该成本核算对象的竣工成本资料作为成本分析的依据。

单位工程竣工成本分析，应包括以下三方面的内容：

（1）竣工成本分析；

（2）主要资源节超对比分析；

（3）主要技术节约措施及经济效果分析。

通过以上分析，可以全面了解单位工程的成本构成和降低成本的来源，对今后同类工程的成本管理有一定的参考价值。

（二）项目专项成本的分析方法

1.成本盈亏异常分析

检查成本盈亏异常的原因，应从经济核算的"三同步"入手。因为，项目经济核算的基本规律是：在完成多少产值、消耗多少资源、发生多少成本之间，有着必然的同步关系。如果违背这个规律，就会发生成本的盈亏异常。

2.工期成本分析

工期成本分析，就是计划工期成本与实际工期成本的比较分析。

3.资金成本分析

资金与成本关系，就是工程收入与成本支出的关系。根据工程成本核算的特点，工程收入与成本支出有很强的配比性。在一般情况下，都希望工程收入越多越好，成本支出越少越好。

4.技术组织措施执行效果分析

技术组织措施必须与工程项目的工程特点相结合，技术组织措施有很强的针对性和适应性（当然也有各工程项目通用的技术组织措施）。计算节约效果的方法一般按以下公式计算：

措施节约效果=措施前的成本－措施后的成本。

对节约效果的分析，需要联系措施的内容和执行过程来进行。

五、建筑工程项目成本考核

（一）项目成本考核的概念

项目成本考核，是指对项目成本目标（降低成本目标）完成情况和成本管理工作业绩两方面的考核。这两方面的考核，都属于企业对项目经理部成本监督的范畴。应该说，成本降低水平与成本管理工作之间有着必然的联系，又受偶然因素的影响，都是对项目成本评价的一个方面，都是企业对项目成本进行考核和对相关人员奖罚的依据。

项目的成本考核，特别要强调施工过程中的中间考核。这对具有一次性特点的施工项目来说尤其重要。

（二）项目成本考核的内容

1.企业对项目经理考核的内容

（1）项目成本目标和阶段成本目标的完成情况；

（2）建立以项目经理为核心的成本管理责任制的落实情况；

（3）成本计划的编制和落实情况；

（4）对各部门、各作业队和班组责任成本的检查和考核情况；

（5）在成本管理中贯彻责、权、利相结合原则的执行情况。

2.项目经理对所属各部门、各作业队和班组考核的内容

（1）对各部门的考核内容：本部门、本岗位责任成本的完成情况，本部门、本岗位成本管理责任的执行情况。

（2）对各作业队的考核内容：对劳务合同规定的承包范围和承包内容的执行情况，

劳务合同以外的补充收费情况，对班组施工任务单的管理情况以及班组完成施工任务后的考核情况。

（3）对班组的考核内容（平时由作业队考核）：以分部分项工程成本作为班组的责任成本。以施工任务单和限额领料单的结算资料为依据，与施工预算进行对比，考核班组责任成本的完成情况。

第三章　建筑工程进度管理

第一节　建筑工程进度管理概述

一个项目能够在预定的时间内完成，这是进行项目管理所追求的目标之一。工程项目进度管理就是采用科学的方法确定进度目标，编制经济合理的进度计划，并据以检查工程项目进度计划的执行情况；若发现实际执行情况与计划进度不一致时，及时分析原因，并采取必要的措施对原工程进度计划进行调整或修正的过程。工程项目进度管理的目的就是实现最优工期。

项目进度管理是一个动态、循环、复杂的过程。进度计划控制的一个循环过程包括计划、实施、检查、调整四个过程。计划是指根据施工项目的具体情况，合理编制符合工期要求的最优计划；实施是指进度计划的落实与执行；检查是指在进度计划与执行过程中，跟踪检查实际进度，并与计划进度对比分析，确定两者之间的关系；调整是指根据检查对比的结果，分析实际进度与计划进度之间的偏差对工期的影响，采取切合实际的调整措施，使计划进度符合新的实际情况，在新的起点上进行下一轮控制循环，如此循环下去，直至项目完成。

一、工程项目进度管理的原理

（一）动态控制原理

工程项目进度管理是一个不断进行的控制过程，也是一个循环进行的过程。在进度计划执行中，由于各种干扰因素的影响，实际进度与计划进度可能会产生偏差。因此，要分析偏差产生的原因，采取相应的措施，调整原来的计划，继续按新计划进行施工活动，并且尽量发挥组织管理的作用，使实际工作按计划进行。但是，在新的干扰因素的影响下，又会产生新的偏差，施工进度计划控制就是采用这种循环的动态控制方法。

（二）系统控制原理

系统控制原理认为，工程项目施工进度管理本身是一个系统工程。施工项目计划系统包括项目施工进度计划系统和项目施工进度实施组织系统两部分内容。

1.项目施工进度计划系统

为了对项目施工实行进度计划控制，首先必须编制施工项目的各种进度计划。其中，有施工项目总进度计划、单位工程进度计划、分部分项工程进度计划、季度和月（旬）作业计划，这些计划组成一个项目施工进度计划系统。计划的编制对象由大到小，计划的内容从粗到细。编制时从总体计划到局部计划，逐层进行控制目标分解，以保证计划控制目标落实。执行计划时，从月（旬）作业计划开始实施，逐级按目标控制，从而达到对项目施工整体进度目标的控制。

2.项目施工进度实施组织系统

施工组织各级负责人，从项目经理、施工队长、班组长及所属全体成员组成为施工项目实施的完整组织系统。他们需要按照施工进度规定的要求进行严格管理、落实和完成各自的任务。为了保证项目施工按进度实施，自公司经理、项目经理，一直到作业班组都设有专门职能部门或人员负责汇报，统计整理实际施工进度的资料，并与计划进度比较分析和进行调整，形成一个纵横连接的项目施工控制组织系统。

3.信息反馈原理

信息反馈是项目施工进度管理的主要环节。工程项目进度管理的过程实质上就是对有关施工活动和进度的信息不断收集、加工、汇总、反馈的过程。项目施工信息管理中心要对收集的施工进度和相关影响因素的资料进行加工分析，由领导作出决策后，向下发出指令，指导施工或对原计划作出新的调整和部署；基层作业组织根据计划和指令安排施工活动，并将实际进度和遇到的问题随时上报。每天都有大量的内外部信息、纵横向信息流进流出，若不应用信息反馈原理，不断地进行信息反馈，就无法进行进度管理。

4.弹性原理

项目施工进度计划工期长、影响进度的因素多，这就要求计划编制者能根据统计经验估计影响的程度和出现的可能性，并在确定进度目标时，进行实现目标的风险分析。在计划编制者具备了这些知识和实践经验之后，编制施工项目进度计划时就会留有余地，也就是使施工进度计划具有弹性。在进行施工项目进度控制时，便可以利用这些弹性。如在检查之前拖延了工期，那么通过缩短剩余计划工期的方法，或者改变它们之间的逻辑关系，仍然达到预期的计划目标，这就是施工项目进度控制中对弹性原理的应用。

5.闭循环原理

项目的进度计划管理是计划、实施、检查、比较分析、确定调整措施、再计划的过程。从编制项目施工进度计划开始，经过实施过程中的跟踪检查，收集有关实际进度的信息，比较和分析实际进度与施工计划进度之间的偏差，找出产生的原因和解决的办法，确定调整措施，再修改原进度计划，从而形成一个封闭的循环系统。

二、工程项目进度管理程序

工程项目部应按照以下程序进行进度管理：

（1）根据施工合同的要求确定施工进度目标，明确计划开工日期、计划总工期和计划竣工日期，确定项目分期分批的开竣工日期。

（2）编制施工进度计划，具体安排实现计划目标的工艺关系、组织关系、搭接关系、起止时间、劳动力计划、材料计划、机械计划及其他保证性计划。

（3）进行计划交底，落实责任，并向监理工程师提出开工申请报告，按监理工程师开工令确定的日期开工。

（4）实施施工进度计划。项目经理应通过施工部署、组织协调、生产调度和指挥、改善施工程序和方法的决策等，应用技术、经济和管理手段实现有效的进度管理。项目经理部要建立进度实施、控制的科学组织系统和严密的工作制度，然后依据工程项目进度目标体系，对施工的全过程进行系统控制。正常情况下，进度实施系统应发挥监测和分析职能，并循环运行。随着施工活动的进行，信息管理系统会不断地将施工实际进度信息按信息流动程序反馈给进度管理者，经过统计整理，比较分析后，确认进度无偏差，则系统继续运行；一旦发现实际进度与计划进度有偏差，系统将发挥调控职能，分析偏差产生的原因，及对后续施工和总工期的影响。必要时，可对原计划进度进行相应的调整，提出纠正偏差方案和实施技术、经济、合同保证措施，以及取得相关单位支持与配合的协调措施，确认其切实可行后，将调整后的新进度计划输入到进度实施系统，施工活动继续在新的控制下运行。当新的偏差出现后，再重复上述过程，直到施工项目全部完成。

（5）任务全部完成后，进行进度管理总结并编写进度管理报告。

三、工程项目进度管理目标体系

保证工程项目按期建成交付使用，是工程项目进度控制的最终目的。为了有效地控制施工进度，首先要将施工进度总目标从不同角度进行层层分解，形成施工进度控制目标体系，以作为实施进度控制的依据。

项目进度目标是从总的方面对项目建设提出的工期要求。但在施工活动中，是通过对最基础的分部分项工程的施工进度管理来保证各单项（位）工程或阶段工程进度管理目标的完成，进而实现工程项目进度管理总目标的。因而，需要将总进度目标进行一系列的从总体到局部、从高层次到基础层次的层层分解，一直分解到在施工现场可以直接控制的分部分项工程或作业过程的施工为止。在分解中，每一层次的进度管理目标都限定了下一级层次的进度管理目标，而较低层次的进度管理目标又是较高一级层次进度管理目标得以实现的保证，于是就形成了一个自上而下层层约束，由下而上级级保证，上下一致的多层次的进度控制目标体系，按单位工程分解为交工分目标，按承包的专业或按施工阶段分解为完工目标，按年、季、月计划期分解为时间目标等。

1.按项目组成分解，确定各单位工程开工及交工动用日期

在施工阶段应进一步明确各单位工程的开工和交工动用日期，以确保施工总进度目标的实现。

2.按承包单位分解，明确分工和承包责任

在一个单位工程中有多个承包单位参加施工时，应按承包单位将单位工程的进度目标分解，确定各分包单位的进度目标，列入分包合同，以便落实分包责任，并根据各专

业工程交叉施工方案和前后衔接条件，明确不同承包单位工作面交接的条件和时间。

3.按施工阶段分解，划定进度控制分界点

根据工程项目的特点，应将其施工分解成几个阶段，如土建工程可分为基础、结构和内外装修阶段。每一阶段的起止时间都要有明确的标志，特别是不同单位承包的不同施工段之间，更要明确划定时间分界点，以此作为形象进度的控制标志，从而使单位工程动用目标具体化。

4.按计划期分解，组织综合施工

将工程项目的施工进度控制目标按年度、季度、月进行分解，并用实物工程量、货币工作量及形象进度表示，这将更有利于对施工进度的控制。

四、项目施工进度管理目标的确定

在确定项目施工进度管理目标时，必须全面细致地分析与建设工程有关的各种有利因素和不利因素，只有这样，才能制定出一个科学、合理的进度管理目标。确定施工进度管理目标的主要依据有：建设工程总进度目标对施工工期的要求、工期定额、类似工程项目的实际进度、工程难易程度和工程条件的落实情况等。

在确定项目施工进度分解目标时，还要考虑以下几个方面：

（1）对于大型建设工程项目，应根据尽早提供可动用单元的原则，集中力量分项分批建设，以便尽早投入使用，尽快发挥投资效益。

（2）结合本工程的特点，参考同类建设工程的经验来确定施工进度目标，避免只按主观愿望盲目确定进度目标，从而在实施过程中造成进度失控。

（3）合理安排土建与设备的综合施工。要按照它们各自的特点，合理安排土建施工与设备基础、设备安装的先后顺序及搭接、交叉或平行作业，明确设备工程对土建工程的要求和土建工程为设备工程提供施工条件的内容及时间。

（4）做好资金供应能力、施工力量配备、物资供应能力与施工进度的平衡工作，确保工程进度目标的要求而不使其落空。

（5）考虑外部协作条件的配合情况，包括施工过程中及项目竣工所需的水、电、气、通信、道路及其他社会服务项目的满足程度和满足时间。

（6）考虑工程项目所在地区的地形、地质、水文、气象等方面的限制条件。

第二节　建筑工程项目进度计划编制与控制

项目施工进度计划是规定各项工程的施工顺序和开竣工时间以及相互衔接关系的计划，是在确定工程施工项目目标工期基础上，根据相应完成的工程量，对各项施工过程的施工顺序、起止时间和相互衔接关系所做的统筹安排。

一、项目施工进度计划的类型

（一）按计划时间划分

按计划时间划分，项目施工进度计划可分为总进度计划和阶段性计划。总进度计划是控制项目施工全过程的；阶段性计划包括项目年、季、月（旬）施工进度计划等，其中月（旬）计划是根据年、季施工计划，结合现场施工条件编制的具体执行计划。

（二）按计划表达形式划分

按计划表达形式划分，项目施工进度计划可分为文字说明计划与图表形式计划。文字说明计划是用文字来说明各阶段的施工任务，以及要达到的形象进度要求；图表形式计划是用图表形式表达施工的进度安排，可用横道图表示进度计划或用网络图表示进度计划。

（三）按计划对象划分

按计划对象划分，项目施工计划可分为施工总进度计划、单位工程施工进度计划和分项工程进度计划。施工总进度计划是以整个建设项目为对象编制的，它确定各单项工程施工顺序和开竣工时间以及相互衔接关系,是全局性的施工战略部署;单位工程施工进度计划是对单位工程中的各分部、分项工程的计划安排;分项进度计划是针对项目中某一部分(子项目)或某一专业工种的计划安排。

(四)按计划的作用来划分

按计划的作用来划分,项目施工计划可分为控制性进度计划和指导性进度计划两类。控制性进度计划是按分部工程来划分施工过程,控制各分部工程的施工时间及其相互搭接配合关系。它主要适用于工程结构较复杂、规模较大、工期较长需跨年度施工的工程,还适用于虽然工程规模不大或结构不复杂但各种资源(劳动力、机械、材料等)不落实的情况,以及建筑结构设计等可能变化的情况。指导性进度计划按分项工程或施工工序来划分施工过程,具体确定各施工过程的施工时间及其相互搭接、配合关系。它适用于任务具体而明确、施工条件基本落实、各项资源供应正常及施工工期不太长的工程。

二、项目施工进度计划编制依据

为了使施工进度计划能更好地、密切地结合工程的实际情况,更好地发挥其在施工中的指导作用,在编制施工进度计划时,按其编制对象的要求,根据不同的编制依据编制。

(一)施工总进度计划的编制依据

(1)工程项目承包合同及招投标书。主要包括招投标文件及签订的工程承包合同,工程材料和设备的订货、供货合同等。

(2)工程项目全部设计施工图纸及变更洽商记录。建设项目的扩大初步设计、技术设计、施工图设计、设计说明书、建筑总平面图和建筑竖向设计图、变更洽商记录等。

(3)工程项目所在地区位置的自然条件和技术经济条件。主要包括:气象、地形地貌、水文地质情况、地区施工能力、交通、水电条件等,建筑施工企业的人力、设备、技术和管理水平等。

(4)工程项目设计概算和预算资料、劳动定额及机械台班定额等。

(5)工程项目拟采用的主要施工方案及措施、施工顺序、流水段划分等。

（6）工程项目需要的主要资源。包括：劳动力状况、机具设备能力、物资供应来源条件等。

（7）建设方及上级城管部门对施工的要求。

（8）现行规范、规程和有关技术规定。国家现行的施工及验收规范、操作规程、技术规定和技术经济指标。

（二）单位工程进度计划的编制依据

（1）主管部门的批示文件及建设单位的要求。

（2）施工图纸及设计单位对施工的要求。其中包括：单位工程的全部施工图纸、会审记录和标准图、变更洽商记录等有关部门设计资料。对较复杂的建筑工程还要有设备图纸和设备安装，土建施工的要求及设计单位对新结构、新材料、新技术和新工艺的要求。

（3）施工企业年度计划对该工程的有关指标，如进度、其他项目穿插施工的要求等。

（4）施工组织总设计或大纲，有关部门对该工程的规定和安排。

（5）资源配备情况，如施工中需要的劳动力、施工机械和设备、材料、预制构件和加工品的供应能力及来源情况。

（6）建设单位可能提供的条件和水电供应情况，如建设单位可能提供的临时房屋数量，水电供应量，水压、电压能否满足施工需要等。

（7）施工现场条件和勘察情况，如施工现场的地形、地貌，地上与地下的障碍物，工程地质和水文地质，气象资料，交通运输通路及场地面积等。

（8）预算文件和国家及地方规范等资料。工程的预算文件等提供的工程量和预算成本，国家和地方的施工验收规范、质量验收标准、操作规程和有关定额是确定编制施工进度计划的主要依据。

三、项目施工总进度计划的编制

项目施工总进度计划一般是建筑工程项目的施工进度计划。它是用来确定建设工程项目中所包含的各单位工程的施工顺序、施工时间及相互衔接关系的计划。施工总进度计划的编制步骤和方法如下：

（一）计算工程量

根据批准的工程项目一览表，按单位工程分别计算其主要实物工程量。工程量的计算可按初步设计（或扩大初步设计）图纸和有关定额手册或资料进行。常用的定额、资料有：每万元及每 10 万元投资工程量、劳动力及材料消耗扩大指标；概算指标和扩大结构定额；已建成的类似建筑物、构筑物的资料。

（二）确定各单位工程的施工期限

各单位工程的施工期限应根据合同工期确定，同时还要考虑建筑类型、结构特征、施工方法、施工管理水平、施工机械化程度及施工现场条件等因素。如果在编制施工总进度计划时没有合同工期，则应保证计划工期不超过工期定额。

（三）确定各单位工程的开竣工时间和相互搭接关系

确定各单位工程的开竣工时间和相互搭接关系主要应考虑以下几点：

（1）同一时期施工的项目不宜过多，以避免人力、物力过于分散。

（2）尽量做到均衡施工，使劳动力、施工机械和主要材料的供应在整个工期范围内达到均衡。

（3）尽量提前建设可供工程施工使用的永久性工程，以节省临时工程费用。

（4）急需和关键的工程先施工，以保证工程项目如期交工。对于某些技术复杂、施工周期较长、施工困难较多的工程，亦应安排提前施工，以利于整个工程项目按期交付使用。

（5）施工顺序必须与主要生产系统投入生产的先后次序相吻合。同时还要安排好配套工程的施工时间，以保证建成的工程能迅速投入生产或交付使用。

（6）应注意季节对施工顺序的影响，使季节不会导致工期拖延、不会影响工程质量。

（7）安排一部分附属工程或零星项目作为后备项目，用以调整主要项目的施工进度。

（8）注意主要工种和主要施工机械能连续施工。

（四）编制初步施工总进度计划

施工总进度计划应安排全工地性的流水作业。全工地性的流水作业安排应以工程量大、工期长的单位工程为主导，组织若干条流水线，并以此带动其他工程。施工总进度计划既可以用横道图表示，也可以用网络图表示。

（五）确定正式施工总进度计划

初步施工总进度计划排定后，还得经过检查、调整，最后才能确定较合理的施工总进度计划。一般的检查方法是观察劳动力和物资需要量的变动曲线。这些动态曲线如果有较大的高峰出现时，则可用适当的移动穿插项目的时间或调整某些项目的工期等方法逐步加以改进，最终使施工趋于均衡。

四、单位工程施工进度计划的编制

单位工程施工进度计划是在既定施工方案的基础上，根据规定的工期和各种资源供应条件，对单位工程中的各分部分项工程的施工顺序、施工起止时间及衔接关系进行合理安排。

单位工程施工进度计划的编制步骤及方法如下：

（一）划分施工过程

施工过程是施工进度计划的基本组成单元。编制单位工程施工进度计划时，应按照图纸和施工顺序将拟建工程的各个施工过程列出，并结合施工方法、施工条件、劳动组织等因素，加以适当调整。施工过程划分应考虑以下因素：

1.施工进度计划的性质和作用

一般来说，对建筑群体及长期计划、规模大、工程复杂、工期长的建筑工程，编制控制性施工进度计划，施工过程划分可粗些，综合性可大些。一般可按分部工程划分施工过程，如开工前准备、打桩工程、基础工程、主体结构工程等。对于中小型建筑工程及工期不长的工程，编制实施性计划时，其施工过程划分可细些、具体些，要求每个分部工程所包括的主要分项工程均一一列出，从而起到指导施工的作用。

2.施工方案及工程结构

以厂房建筑为例，如厂房基础采用敞开式施工方案时，柱基础和设备基础可合并为一个施工过程；而采用封闭式施工方案时，则必须列出柱基础、设备基础这两个施工过程。又如结构吊装工程，采用分件吊装方法时，应列出柱吊装、梁吊装、屋架扶直就位、屋盖吊装等施工过程；而采用综合吊装法时，只要列出结构吊装一项即可。

砌体结构、大墙板结构、装配式框架与现浇钢筋混凝土框架等不同的结构体系，其施工过程划分及其内容也各不相同。

3.结构性质及劳动组织

现浇钢筋混凝土施工，一般可分为支模、绑扎钢筋、浇筑混凝土等施工过程。一般对现浇钢筋混凝土框架结构的施工应分别列项，而且可分得细一些，如绑扎柱钢筋、支柱模板、浇捣柱混凝土、支梁、板模板、绑扎梁、板钢筋、浇捣梁、板混凝土、养护、拆模等施工过程。砌体结构工程中，现浇工程量不大的钢筋混凝土工程一般不再细分，可合并为一项，由施工班组的各工种互相配合施工。

施工过程的划分还与施工班组的组织形式有关，如玻璃与油漆的施工。如果是单一工种组成的施工班组，可以划分为玻璃、油漆两个施工过程；同时为了组织流水施工的方便或需要，也可合并成一个施工过程，这时施工班组是由多工种混合的混合班组。

4.对施工过程进行适当合并，达到简明清晰

如果施工过程划分太细，则过程会很多，施工进度图表就会显得繁杂，重点不突出，反而失去了指导施工的意义，并且增加编制施工进度计划的难度。因此，可考虑将一些次要的、穿插性施工过程合并到主要施工过程中去，如基础防潮层可合并到基础施工过程，门窗框安装可并入砌筑工程；有些虽然重要但工程量不大的施工过程也可与相邻的施工过程合并，如挖土可与垫层施工合并为一项，组织混合班组施工；同一时期由同一工种施工的施工项目也可合并在一起，如墙体砌筑不分内墙、外墙、隔墙等，而合并为墙体砌筑一项；有些关系比较密切，不容易分出先后的施工过程也可合并，如散水、勒脚和明沟可合并为一项。

5.设备安装应单独列项

民用建筑的水、暖、煤、卫、电等房屋设备安装是建筑工程的重要组成部分，应单独列项；工业厂房的各种机电等设备安装也要单独列项。土建施工进度计划中列出设备安装的施工过程，只是表明其与土建施工的配合关系，一般不必细分，可由专业队或设备安装单位单独编制其施工进度计划。

6.明确施工过程对施工进度的影响程度

有些施工过程直接在拟建工程上进行作业，占用时间、资源，对工程的完成与否起着决定性的作用。在条件允许的情况下，可以缩短或延长工期。这类施工过程必须列入施工进度计划，如砌筑、安装、混凝土的养护等。另外，有些辅助性施工过程未占用拟建工程的工作面，虽需要一定的时间和消耗一定的资源，但不占用工期，故不列入施工进度计划，如构件制作和运输等。

（二）计算工程量

当确定了施工过程之后，应计算每个施工过程的工程量。工程量应根据施工图纸、工程量计算规则及相应的施工方法进行计算。计算时应注意工程量的计量单位应与采用的施工定额的计量单位相一致。

如果编制单位工程施工进度计划时，已编制出预算文件（施工图预算或施工预算），则工程量可从预算文件中抄出并汇总。但是，施工进度计划中某些施工过程与预算文件有出入（如计量单位、计算规则、采用的定额等）但不大时，则应根据工程实际情况加以修改、调整或重新计算。

（三）套用施工定额

确定了施工过程及其工程量之后，即可套用施工定额（当地实际采用的劳动定额及机械台班定额），以确定劳动量和机械台班量。

在套用国家或当地颁布的定额时，必须注意结合本单位工人的技术等级、实际操作水平、施工机械情况和施工现场条件等因素，确定完成定额的实际水平，使计算出来的劳动量、机械台班量符合实际需要。

有些采用新技术、新材料、新工艺或特殊施工方法的施工过程，定额尚未编入，这时可参考类似施工过程的定额、经验资料，按实际情况确定。

（四）安排施工进度计划

安排施工计划主要有根据施工经验直接安排的方法和按工艺组合组织流水的方法。

1.根据施工经验直接安排的方法

这种方法是根据经验资料及有关计算,直接在进度表上画出进度线。其一般步骤是：

先安排主导施工过程的施工进度，然后再安排其余施工过程。它们应尽可能配合主导施工过程并最大限度地搭接，形成施工进度计划的初步方案。

2.按工艺组合组织流水的安排方法

这种方法是将某些在工艺上有关系的施工过程归并为一个工艺组合，组织各工艺组合内部的流水施工，然后将各工艺组合最大限度地搭接起来。

施工进度计划由两部分组成，一部分反映拟建工程所划分施工过程的工程量、劳动量或台班量、施工人数或机械数、工作班次及工作延续时间等计算内容；另一部分则用图表形式表示各施工过程的起止时间、延续时间及其搭接关系。

（五）检查与调整施工进度计划

施工进度计划初步方案编制后，应根据建设单位和有关部门的要求、合同规定及施工条件等，先检查各施工过程之间的施工顺序是否合理、工期是否满足要求、劳动力等资源需要量是否均衡，然后再进行调整，直至满足要求，正式形成施工进度计划。

1.施工顺序的检查与调整

施工顺序应符合建筑施工的客观规律，应从技术上、工艺上、组织上检查各个施工顺序的安排是否正确合理。

2.施工工期的检查与调整

施工进度计划安排的工期首先应满足上级规定或施工合同的要求，其次应具有较好的经济效益，即安排工期要合理，但并不是越短越好；当工期不符合要求时，应进行必要的调整。检查时主要看各施工过程的持续时间、起止时间是否合理，特别应注意对工期起控制作用的施工过程，即首先要缩短这些施工过程的持续时间，并注意施工人数、机械台数的重新确定。

3.资源消耗均衡性的检查与调整

检查施工进度计划的劳动力、材料、机械等供应与使用，应避免过分集中，尽量做到均衡。

应当指出，施工进度计划并不是一成不变的，在执行过程中，往往由于人力、物资供应等情况的变化，打破了原来的计划。因此，在执行中应随时掌握施工动态，并经常检查和调整施工进度计划。

五、项目施工进度计划的实施

项目施工进度计划的实施就是用施工进度计划指导施工活动,落实和完成进度计划。施工进度计划逐步实施的过程就是施工项目建造逐步完成的过程。为了保证施工进度计划的实施,保证各进度目标的实现,应做好如下工作:

(一)施工进度计划的审核

项目经理应对施工项目进度计划进行审核,其主要内容包括:

(1)进度安排是否符合施工合同中确定的建设项目总目标和分目标,是否符合开、竣工日期的规定。

(2)施工进度计划中的项目是否有遗漏,分期施工是否满足分批交工的需要和配套交工的要求。

(3)总进度计划中施工顺序的安排是否合理。

(4)资源供应计划是否能保证施工进度的实现,供应是否均衡,分包人供应的资源是否满足进度的要求。

(5)总分包之间的进度计划是否相协调,专业分工与计划的衔接是否明确、合理。

(6)对实施进度计划的风险是否分析清楚,是否有相应的对策。

(7)各项保证进度计划的实现的措施是否周到、可行、有效。

(二)施工项目进度计划的贯彻

1.检查各层次的计划,形成严密的计划保证系统

施工项目的所有施工进度计划包括施工总进度计划、单位工程施工进度计划、分部分项工程施工进度计划,都是围绕一个总任务而编制的。它们之间的关系是高层次的计划是低层次计划的依据,低层次计划是高层次计划的具体化。在其贯彻执行时应当首先检查是否协调一致,计划目标是否层层分解,互相衔接,组成一个计划实施的保证体系,以施工任务书的方式下达施工队以保证实施。

2.层层明确责任或下达施工任务书

施工项目经理、施工队和作业班组之间分别签订承包合同,按计划目标明确规定合

同工期、相互承担的经济责任、权限和利益，或者下达施工任务书，将任务下达到施工班组，明确具体施工任务、技术措施、质量要求等内容，使施工班组必须保证按作业计划时间完成规定的任务。

3.进行计划的交底，促进计划的全面、彻底实施

施工进度计划的实施需要全体员工的共同行动，要使有关人员都明确各项计划的目标、任务、实施方案和措施，使管理层和作业层协调一致，将计划变成全体员工的自觉行动。在计划实施前要根据计划的范围进行计划交底工作，使计划能全面、彻底地实施。

（三）施工进度计划的实施

1.编制施工作业计划

由于施工活动的复杂性，在编制施工进度计划时，不可能考虑到施工过程中的一切变化情况，因而不可能一次安排好未来施工活动中的全部细节，所以施工进度计划很难作为直接下达施工任务的依据。因此，还必须有更为符合当时情况、更为细致具体的、短时间的计划，这就是施工作业计划。

施工作业计划一般可分为月作业计划和旬作业计划。月作业计划和旬作业计划应保证年、季度计划指标的完成。

2.签发施工任务书

编制好月、旬作业计划以后，将每项具体任务通过签发施工任务书的方式使其进一步落实。施工任务书是向班组下达任务实行责任承包、全面管理和原始记录的综合性文件。施工班组必须保证指令任务的完成，它是计划和实施的纽带。

施工任务书应由工长编制并下达。它包括施工任务单、限额领料单和考勤表。施工任务单包括：分项工程施工任务、工程量、劳动量、开工日期、完工日期、工艺、质量、安全要求；限额领料单是根据施工任务书编制的控制班组领用材料的依据，其中应具体规定材料名称、规格、型号、单位、数量和领用记录、退料记录等；考勤表可附在施工任务书背面，按班组人名排列，供考勤时使用。

3.做好施工进度记录，填好施工进度统计表

在计划任务完成的过程中，各级施工进度计划的执行者都要跟踪做好施工记录，记载计划中的每项工作开始日期、工作进度和完成日期，为施工项目进度检查分析提供信

息，并填好有关进度统计表。

4.做好施工中的调度工作

施工中的调度是组织施工中各阶段、环节、专业和工种的互相配合、进度协调的指挥核心。调度工作是施工进度计划顺利实施的重要手段。其主要任务是掌握计划实施情况，协调各方面关系，采取措施，排除各种矛盾，加强各薄弱环节，实现动态平衡，以保证完成作业计划和实现进度目标。

调度工作内容主要有：监督作业计划的实施、调整协调各方面的进度关系；监督检查施工准备工作；督促资源供应单位按计划供应劳动力、施工机具、运输车辆、材料构配件等，并对临时出现的问题采取调配措施；由于工程变更引起资源需求的数量变更和品种变化时，应及时调整供应计划；按施工平面图管理施工现场，结合实际情况进行必要调整，保证文明施工；了解气候、水、电、气的情况，采取相应的防范和保证措施；及时发现和处理施工中各种事故和意外事件；定期、及时召开现场调度会议，执行施工项目主管人员的决策，发布调度令。

六、项目施工进度计划的检查

在项目施工的实施进程中，为了进行进度控制，进度控制人员应经常、定期地跟踪检查施工实际进度情况。主要检查工作量的完成情况、工作时间的执行情况、资源使用及与进度的互相配合情况等。

（一）跟踪检查施工实际进度

跟踪检查施工实际进度是项目施工进度控制的关键措施，其目的是收集实际施工进度的有关数据。跟踪检查的时间和收集数据的质量，直接影响控制工作的质量和效果。

一般检查的时间间隔与施工项目的类型、规模、施工条件和对进度执行要求程度有关。通常可以每月、每半月、每旬或每周进行一次。若在施工中遇到天气、资源供应等不利因素的严重影响，检查的时间间隔可临时缩短，次数应频繁，甚至可以每日进行检查，或派人员驻现场督阵。检查和收集资料的方式一般采用进度报表方式或定期召开进度工作汇报会。为了保证汇报资料的准确性，进度控制的工作人员要经常到现场察看项目施工的实际进度情况，从而保证经常、定期地准确掌握项目施工的实际进度。

（二）整理统计检查数据

对于收集到的施工项目实际进度数据，要进行必要的整理，对按计划控制的工作项目进行统计，形成与计划进度具有可比性的数据、相同的量纲和形象进度。一般可以按实物工程量、工作量、劳动消耗量以及累计百分比整理和统计实际检查的数据，以便与相应的计划完成量相对比。

（三）比较实际进度与计划进度

将收集的资料整理和统计成与计划进度具有可比性的数据后，用施工项目实际进度与计划进度的比较方法进行比较。常用的比较方法有：横道图比较法、S 曲线比较法、香蕉曲线比较法、前锋线比较法等。

（四）项目施工进度检查结果的处理

对于施工项目进度检查的结果，应按照检查报告制度的规定，形成进度控制报告并向有关主管人员和部门汇报。

进度控制报告是把检查比较的结果、有关施工进度现状和发展趋势，提供给项目经理及各级业务职能负责人的最简单的书面形式报告。

进度控制报告根据报告的对象不同，确定不同的编制范围和内容并分别编写。一般分为：项目概要级进度控制报告，其是报给项目经理、企业经理或业务部门以及建设单位或业主的，是以整个施工项目为对象说明进度计划执行情况的报告；项目管理级进度控制报告是报给项目经理及企业的业务部门的，它是以单位工程或项目分区为对象说明进度计划执行情况的报告；业务管理级进度控制报告是就某个重点部位或重点问题为对象编写的报告，供项目管理者及各业务部门为其采取应急措施而使用的。

进度控制报告的内容主要包括：项目实施概况、管理概况、进度概要的总说明；项目施工进度、形象进度及简要说明；施工图纸提供进度；材料、物资、构配件供应进度；劳务记录及预测；日历计划；对建设单位、业主和施工者的变更指令等；进度偏差的状况和导致偏差的原因分析；解决的措施；计划调整意见等。

七、施工项目进度计划的调整

在计划执行过程中，由于组织、管理、经济、技术、资源、环境和自然条件等因素的影响，往往会造成实际进度与计划进度发生偏差，如果偏差不能及时纠正，必将影响进度目标的实现。因此，在计划执行过程中采取相应措施来进行管理并对计划进行相应调整，对保证计划目标的顺利实现具有重要意义。

第四章　建筑工程造价管理及构成

第一节　建筑工程造价管理概述

一、建筑工程造价管理的基本概念

建筑工程造价是指完成一个建设项目所需费用的总和，或者说是一种承包交易价格或合同价。工程造价管理是一项融技术、经济、法规为一体的综合性系统工程。

（一）建筑工程造价管理的界定

建筑工程造价管理是由建筑工程、工程造价、造价管理三个属性不同的关键词所组成。

1.建筑工程

建筑工程即土木工程，既指部件产品，即由建筑业承担固定投资设计、建筑和安装任务的成果，包括房屋建筑物和各类构筑物，又指一个活动范畴，即包括从事整个建筑、市政、交通、水利等土木工程各相关活动的总称。

2.工程造价

工程造价包含两种含义：一是指投资额，二是指合同价。

（1）投资额

投资额是指建设项目的建设成本，即完成一个建设项目所需费用的总和，它包括建筑工程、安装工程、设备及其他相关费用。投资额是对投资方、业主、项目法人而言。为谋求以较低投入获取较高产出，在确保功能要求、工程质量的基础上，投资额总是要求越低越好。

（2）合同价

合同价是指建筑工程实施建造的契约性价格。合同价是对发包方、承包方双方而言的。一方面，由于双方的利益追求是有矛盾的，在具体工程上，发包方希望少投资，而承包方则希望多赚取利润，其各自通过市场谋取有利于自身的合理的承发包价，并保证价款支付的兑现和风险的补偿，因此双方都有对具体工程项目的价格管理问题。另一方面，市场经济是需要引导的，为了保证市场竞争的规范有序，确保市场定价的合理性，避免各种类型，包括不合理的高报价与人为压价在内的不正当竞争行为的发生，国家也必须加强对市场定价的管理，进行必要的宏观调控和监督。

3.造价管理

管理是为完成一项任务或实施一个过程所进行的计划、组织、指挥、协调、控制、处理的工作总和，是人类组织社会生产活动的一个最基本的手段。

工程造价管理的特点：

①时效性。工程造价反映的是某一时期内的价格特性，其随时间的变化而不断变化。

②公正性。工程造价时既要维护业主的合法权益，也要维护承包商的利益，站在公允的立场上。

③规范性。由于建筑产品千差万别，构成造价的基本要素可分解为便于可比与计量的假定产品，因而要求标准客观、工作程序规范。

④准确性。要运用科学、技术原理及法律手段进行科学管理，使计量、计价、计费有理有据、有法可依。

（二）建筑工程造价计价的特点与影响造价的因素

1.建筑工程造价计价的特点

价格是价值的货币表现形式。建筑工程的生产及其产品不同于一般工业品，它在整个寿命期内坐落在一个固定地方，与大地相连，因而包括土地的价格；其生产方式取决于季节、气候，且施工人员与机械围绕产品"流动"，因而需要有施工措施费；等等。

（1）单件性计价

每一个工程项目都有其特定的用途，因而在实物形态上表现得千姿百态、千差万别。它们有不同的平面布局、不同的结构形式、不同的立面造型、不同的装饰装修、不同的体量容积、不同的建筑面积，所采用的技术工艺以及材料设备也不尽相同；即使是相同功能的工程项目，其技术水平、建筑等级与建筑标准也有差别。建筑工程项目的技术要素指标还得适应所在地的环境气候、地质、水文等自然条件，适应当地的风俗习惯，再加上不同地区构成投资费用的各种价值要素的差异，使建筑项目不能像对工业产品那样按品种、规格、质量成批地定价，只能是单件计价。

（2）多阶段计价

工程项目的建造过程是一个周期长、数量大的生产消费过程，包括可行性研究在内的设计过程。一般较长，而且要分阶段进行，逐步加深。

在编制项目建议书、进行可行性研究阶段，一般可按规定的投资估算指标、以往类似工程的造价资料、现行的设备材料价格并结合工程实际情况进行投资估算。投资估算是指在可行性研究阶段对建筑工程预期造价所进行的优化、计算、核定及相应文件的编制，所预计和核定的工程造价。

在初步设计阶段，总承包设计单位要根据初步设计的总体布置、工程项目、各单项工程的主要结构和设备清单，采用有关概算定额或概算指标等编制建筑项目的总概算。它包括从筹建到竣工验收的全部建设费用。设计概算是指在初步设计阶段对建筑工程预期造价所进行的优化、计算、核定及相应文件的编制。初步设计阶段的概算所预计和核定的工程造价称为概算造价。经批准的设计总概算是确定建筑项目总造价、编制固定资产投资计划、签订建设项目承包总合同和贷款总合同的依据，也是控制项目投资和施工图预算以及考核设计经济合理性的依据。

在建筑工程开工前，要根据施工图设计确定的工程量，或采用清单计价模式或用已编制招标控制价，或采用定额计价模式套用有关预算定额单价、间接费率和利润率等编制施工图预算。施工图预算是指施工图设计阶段对建筑工程预期造价所做的优化、计算、核定及相应文件的编制。

在签订建设项目或工程项目总承包合同、建筑工程承包合同、设备材料采购合同时，要在对设备材料价格发展趋势进行分析和预测的基础上，通过招标投标，由发包方和承包方共同确定一致同意的合同价作为双方结算的基础。所谓合同价款，是指按有关规定或协议条款约定的各种取费标准计算的用以支付给承包方按照合同要求完成工程内容的价款总额。

工程项目竣工交付使用时，建设单位需编制竣工决算，反映工程建设项目的实际造价和建成交付使用的固定资产及流动资产的详细情况，作为资产交接、建立资产明细表和登记新增资产价值的依据。

（3）分解组合计价

分解组合计价包括建设项目、单项工程、单位工程、分部工程以及分项工程。

①建设项目。它是按照一个总体设计进行建设的建设单位，即凡是按照一个总体设计进行建设的各个单项工程总体即一个建设项目。它一般指一个企业、事业单位或独立的工程项目。

②单项工程。它是可独立发挥生产能力或效益的工程单位，即指在建设项目中，凡是具有独立的设计文件、竣工后可以独立发挥生产能力或工程效益的工程。

③单位工程。它是能进行独立施工和单独进行造价计算的对象。

④分部工程。它是为了便于工料核算，按结构特征、构件性质、材料设备的型号与种类的不同，对不同部位及不同施工方法而划分的工程部位或构件，如土方工程、混凝土工程。

⑤分项工程。它是按施工要求和材料品种规格而划分的一定计量单位的建筑产品，即按照不同的施工方法、构造及规格，把分部工程更细致地分解为分项工程。

建筑工程具有按工程构成分解组合计价的特点。例如，为确定建设项目的总概算，先计算各单位工程的概算，再计算各单项工程的综合概算，再汇总成建设项目总概算。又如，单位工程的施工图预算一般按分部工程、分项工程，采用相应的定额单价、费用标准进行计算，这种方法称为预算单价法。

2.影响工程造价的因素

（1）价值规律对工程造价的影响

价值规律是商品生产的经济规律。价值规律的表述是：社会必要劳动时间决定商品的价值量。社会必要劳动时间的第一层含义是："社会必要劳动时间是在现有的社会正常的生产条件下，在社会平均的劳动熟练程度和劳动强度下制造某种使用价值所需要的劳动时间。"社会必要劳动时间的第二层含义是："不仅在每个商品上只使用必要的劳动时间，而且在社会总劳动时间中，也只把必要的劳动量使用在不同类的商品上。"所以商品价值取决于生产它的社会必要劳动时间（第一种含义的社会必要劳动时间），是以这种商品为社会需要、生产这种商品的劳动时间属于社会总劳动中的必要劳动时间（另一种含义的社会必要劳动时间）为前提的。

（2）货币流通规律对工程造价的影响

价格是商品价值的货币表现，即商品价值同货币价值的对比，因而价格与商品价值成正比，与单位货币所代表的价值量成反比。

（3）供求规律对工程造价的影响

商品价格除了由商品价值和货币价值本身决定以外，同时还受市场供给与需求情况的影响。"供给"是指某一时间内，生产者在一定价格条件下愿意并可能出售的产品量，其中包括在该时间内生产者新提供的产品量和已有的存货量。"需求"是指消费者在一定价格条件下对商品的需要量。需求有两个条件：第一，消费者有购买意愿；第二，消费者有支付能力。

在有支付能力、需求不变的情况下，一般说来，如果商品的价格发生变动，需求就会向价格变动的反方向变动：价格下降，需求增加；价格上升，需求减少。当供不应求时，价格就会上涨到价值之上；当供过于求时，价格又会跌到价值之下。商品价格背离价值的变动方向取决于供求关系的变动方向，变动幅度则取决于供求关系不平衡的关系。

总之，工程造价既受到来自价格内在因素——价值运动的影响，又受到币值、供求关系的影响，还受到财政、信贷、工资、利润、利率等各方面变化的影响。

二、工程造价咨询制度

（一）工程造价咨询业

1.咨询及工程造价咨询

咨询，是指利用科学技术和管理人才已有的专门知识技能和经验，根据政府、企业以至个人的委托要求，提供解决有关决策、技术和管理等方面问题的优化方案的智力服务活动过程。工程造价咨询，是指面向社会接受委托、承担建设项目的可行性研究，投资估算，项目经济评价，工程概算、预算、结算、竣工决算及招标控制价、投标报价的编制和审核，对工程造价进行监控以及提供有关工程造价信息资料等业务工作。

2.从事建筑工程造价咨询活动的主体

咨询业已成为我国科技与经济结合的纽带、科技转化为生产力的桥梁。从事建筑工程造价咨询活动的主体为造价工程师、造价员、工程造价咨询人。

（二）造价工程师、造价员及其执业资格

在我国，造价工程师是经全国造价工程师执业资格统一考试合格，并注册取得中华人民共和国造价工程师注册证书和执业印章，从事建筑工程造价活动的专业人员，造价员也实行全国建筑工程造价员资格证书制度。

1.造价工程师的素质要求

造价工程师的素质要求包括专业方面的素质、思想品德方面的素质和身体方面的素质三个方面。其中专业方面的素质集中表现为以专业知识和技能为基础的工程造价管理方面的实际工作能力。其专业素质体现在以下几方面：

（1）造价工程师应是复合型的专业管理人才。造价工程师应是具备工程、经济和管理知识与实践经验的高素质复合型专业人才。

（2）造价工程师应具备技术技能。技术技能是指能使用由经验、教育及训练上的知识、方法、技能及设备，来达到特定任务的能力。造价工程师应掌握与建筑经济管理相关的金融投资及相关法律、法规和政策，工程造价管理理论及相关计价依据的应用，工业与建筑施工技术知识，信息化管理的知识。在实际工作中应能运用以上知识与技能，解决诸如方案的经济比选；编制投资估算、设计概算和施工图预算；编制招标控制价和投标报价；编制补充定额和造价指数；进行合同价结算和竣工决算，并对项目造价变动规律和趋势进行分析和预测。

（3）造价工程师应具备人文技能。人文技能是指与人共事的能力。

（4）造价工程师应具备观念技能。观念技能是指了解整个组织及自己在组织中地位的能力，使自己不仅能按本身所属的群体目标行事，而且能按整个组织的目标行事。

2.造价工程师的职业道德与法律责任

（1）造价工程师的职业道德

中国建设工程造价管理协会颁布过《造价工程师职业道德行为准则》（以下简称《准则》）。《准则》对造价工程师的有关要求如下：①遵守国家法律、法规和政策，执行行业自律性规定，珍惜职业声誉，自觉维护国家和社会公共利益。②遵守"诚信、公正、精业、进取"的原则，以高质量的服务和优秀的业绩，赢得社会和客户对造价工程师的尊重。③勤奋工作，独立、客观、公正、正确地出具工程造价成果文件，使客户满意。④诚实守信，尽职尽责，不得有欺诈、伪造、作假等行为。⑤尊重同行，公平竞争，

搞好同行之间的关系，不得采取不正当的手段损害、侵犯同行的权益。⑥廉洁自律，不得索取、收受委托合同约定以外的礼金和其他财物，不得利用职务之便谋取其他不正当的利益。⑦造价工程师与委托方有利害关系的应当回避，委托方有权要求其回避。⑧知悉客户的技术和商务秘密，负有保密义务。⑨接受国家和行业自律组织对其职业道德行为的监督检查。

（2）法律责任

法律责任主要涉及对擅自从事造价业务的处罚、对注册违规的处罚以及对执业活动违规的处罚。

三、建筑工程造价超预算的原因分析

随着时代不断发展，人们生活水平提升，对建筑的质量要求也不断提升，建筑工程造价超预算问题越来越受到关注。在实际的工程建设过程中，施工企业在施工前期，应对工程造价预算进行有效的控制，制定相关的工程造价预算规划方案；同时，工作人员进行配合，以此来提升建筑工程的整体经济效益。

（一）建筑工程造价预算内容

建筑工程造价涉及建筑施工的各个方面，在实际的预算过程中，相关工作人员应考虑工程的间接费用、直接费用、税金以及经济利润等。间接费用主要包括规费与企业管理费等，而直接费用则包括工程费与措施费，其中工程费包括材料费、人工费以及施工机械设备的使用费用等；措施费包括文明施工、环境保护、临时设施费、搬运费以及夜间施工费等。

（二）建筑工程造价预算工作的重要意义

在当前的时代背景下，市场竞争日益激烈，建筑企业想要在市场竞争中占据主要地位，必须提升自身的竞争力，以保证工程质量为前提，做好工程造价预算工作，以此来降低施工过程中的成本支出，提升企业的经济效益，从而提升企业的实力与市场竞争力。建筑工程造价预算工作的开展，能有效降低因工程造价控制不合理而导致建筑质量问题、设计变更现象以及工程返工现象的发生概率，从而保证建筑工程的顺利进行。当建筑工程出现返工现象时，返工过程会增加施工成本的支出，严重影响后续工程的顺利开展，甚至导致工期出现延误，不能按时完成施工。建筑工程造价工作的顺利开展，能对建筑施工过程中的相关资源进行优化处理，例如，人力资源、设备资源、资金等，合理规划建筑施工企业在各个施工阶段的资金投入，对于提升建筑施工企业的经济效益具有重要意义。

（三）建筑工程造价超预算的致因分析

1.工程造价预算编制不够完善

在建筑工程造价预算的编制过程中，相关编制工作人员需要对影响造价预算的所有因素进行全面的分析，以保证工程造价合理。但在成本分析过程中，由于建筑工程复杂，涉及施工项目较多，编制人员可能遗漏部分支出内容，导致建筑工程造价预算出现漏项情况，影响最终造价预算。同时，建筑施工单位为应对竞标，在保证工程质量的基础上，通常会使工程造价编制增加部分设计内容，导致施工成本提升，最终出现超预算现象。

2.建筑工程造价预算受市场材料价格影响

建筑材料是保证建筑施工正常运行的基础，但建筑材料的市场价格处于不稳定状态，材料价格一旦产生波动，将直接影响工程造价预算。建筑工程的施工材料种类多、数量大，甚至跨领域，所以对我国建筑材料进行科学有效的宏观调控至关重要。但在实际的调控过程中，受国际市场与对外开放的市场经济影响，最终会使建筑材料市场的价格无法准确估算，从而导致工程造价超预算。

3.忽视工程实施阶段

建筑工程实施阶段贯穿了所有建设项目。如果在此阶段忽视造价预算，将实施阶段分开进行造价预算与造价控制，将导致出现超预算现象。例如，工作人员没有对工程建设制度进行合理分析、未结合实际情况对预算编制进行调整、未分析施工材料的使用情况等，从而影响工程造价预算。

4.受造价人员自身水平影响

在建筑工程造价预算过程中，受造价预算人员自身的专业水平与能力影响，工作人员在编制预算过程中，可能出现预算不合理的情况，从而导致预算结果与建筑工程的实际造价产生一定的偏差，影响工程顺利进行。

（四）建筑工程造价超预算的控制措施

1.完善工程造价预算编制

预算编制是建筑工程造价中的重要组成部分，因此为保证工程造价控制工作的顺利实现，相关工作人员必须利用科学有效的方式对工程造价预算编制进行完善。具体来说，主要包括以下几点注意事项：

（1）相关工作人员在预算编制过程中，首先应树立良好的工作态度，认真负责，做好工程量、定额单价以及施工图纸等工作；其次，加强对施工现场的实际分析与监督，以此为基础，对相关设计图进行进一步的研究分析，为预算编制工作的开展奠定良好的基础。

（2）受市场自身特性影响，建筑的施工材料价格与规格不断处于改变状态。因此，工作人员应对材料的质量、价格、规格以及性价比等因素进行详细的分析，结合市场的实际变化与工程施工变化，及时进行价格调整。

（3）在工作开展过程中，工作人员应加强对外界环境和法律政策的关注与掌握，做好完善的准备工作，以此来提升预算编制的高效性与科学性。

2.加强对市场材料价格变化趋势的预测

由于建筑工程材料的市场价格对工程造价预算产生直接影响，因此应加强对市场材料价格变化趋势的预测，以此来降低材料的市场价格对工程造价的影响。具体来说，应主要从以下几点进行改善：

（1）加强对市场材料价格的了解，并做好相关的预算工作，将预算结果变得具有一定的弹性，使建筑材料在施工时适应市场的价格变化形势，从而提升工程造价预算的准确性，造价预算符合实际的工程建筑，避免工程造价超预算。

（2）加强专业人员对市场材料的调研。调研内容主要包括市场建筑材料的价格、建筑商情况、相关建筑人才等，同时保证相关调研资料的准确性，帮助工作人员对建筑材料的市场行情进行分析。通过调研，加强对市场材料价格变化趋势的预测，能有效对建筑造价超预算进行约束，提升造价预算的精确性，从而保证企业的经济效益。

3.加强项目实施阶段的预算控制

项目实施阶段是建筑工程中资金投入最大的阶段，也是投标与招标工作的后续延伸与合同细化阶段。据相关数据,建筑工程的项目实施阶段对整体工程造价的影响约占 15%,所以当前大部分的施工企业常常忽略对建筑工程项目实施阶段的预算控制。但实际上,在施工过程中项目实施阶段由人为引起的财力、物力以及人力浪费现象严重,具体来说,主要包含以下两方面因素:

（1）施工单位自身的技术水平、判断决策失误或合同变更情况的影响,引起工程造价增长;

（2）受外界的因素影响,如不可避免的地震、台风、洪水或泥石流等自然环境影响,或人类难以控制的客观因素,如法律政策、战争等因素影响。

因此,相关工作人员应重点落实建筑工程中合同造价的各项内容,控制相关的关键环节,以此来提升企业经济效益。

4.提升工程造价预算人员自身的专业水平

工程造价预算人员自身的专业水平与能力对工程造价工作的有效性产生直接影响,关系到企业获取的经济效益。因此,应强化预算人员的自身专业水平,例如,加强培训、与同行进行交流等,使其利用专业知识,将超预算现象的发生概率降低。

第二节 建筑工程造价构成

建筑工程造价,一般是指进行某项工程建设所花费的费用,即从筹建到竣工验收交所使用的全部费用。它由建筑安装工程费、设备工器具购置费、工程建设其他费和预备费等组成。

一、建筑安装工程费用

建筑安装工程费用是进行建筑安装工程所发生的一切费用。它是基本建设概（预）

算的主要组成部分。按我国现行制度规定，建筑安装工程费用由以下三部分费用组成：
（1）直接费，包括人工费、材料费、施工机械使用费、其他直接费等。它是根据分部分项工程的数量和预算单价计算的费用。（2）间接费，包括管理费和其他间接费两种费用。（3）计划利润，指按照国家规定实行独立核算的国有施工企业按工程预算成本的一定比例收取的利润。（4）税金。

二、设备工器具购置费

（一）设备购置费

设备购置费是指为建设项目购置或自制的达到固定资产标准的各种国产或进口设备、工器具的费用。它由设备原价和设备运杂费构成。其公式如下所示：

设备购置费=设备原价+设备运杂费。

1.设备原价

设备原价是指国产设备或进口设备的原价，设备运杂费是指除设备原价之外的用于设备采购、运输、途中包（安）装及仓库保管等方面支出费用的总和。

（1）国产设备原价的构成及计算

国产设备原价一般是指设备制造厂的交货价，即出厂价或订货合同价。它一般根据生产厂家或供应商的询价、报价、合同价直接或采用一定的方法计算确定。国产设备原价分为国产标准设备原价和国产非标准设备原价。

（2）国产标准设备原价

国产标准设备原价有两种，即带有备件的原价和不带有备件的原价。在计算时，一般采用带有备件的出厂价确定原价。

（3）国产非标准设备原价

国产非标准设备原价有多种不同的计算方法，如成本计算估价法、系列设备插入估价法、分部组合估价法、定额估价法等。但无论采用哪种方法都应该使非标准设备计价接近实际出厂价。按成本计算估价法，非标准设备的原价由以下各项组成：材料费、加工费、辅助材料费、专用工具费、废品损失费率、外购配件费以及包装费、利润、税金、非标准设备设计费。综上所述，单台非标准设备原价可用下式表达：

单台非标准设备原价={〔（材料费+加工费+辅助材料费）×（1+专用工具费率）×（1+废品损失费率）+外购配件费〕×（1+包装费率）－外购配件费}×（1+利润率）+外购配套件费+增值税销项税额+非标准设备设计费。

（4）进口设备原价的构成及计算。

进口设备的原价是指进口设备的抵岸价，即抵达买方边境港口或边境车站，且缴完关税为止所形成的价格。

进口设备的交货类型有出口国内陆交货、装运港交货和进口国目的地交货三类。通常，进口设备采用最多的是装运港交货方式，即卖方在出口国装运港交货，主要有装运港船上交货价（FOB），习惯称离岸价格；运费在内价（CFR）以及运费、保险费在内价（CIF），习惯称到岸价格。装运港船上交货价（FOB）是我国进口设备采用最多的一种交货价。进口设备抵岸价的构成可概括如下：

进口设备抵岸价=货价+国外运费+运输保险费+银行财务费+外贸手续费+关税+增值税+消费税+海关监管手续费+车辆购置税。

2.设备运杂费的构成及计算

设备运杂费通常由下列各项构成：

（1）运费和装卸费

运费和装卸费是指国产设备由设备制造厂交货地点起至工地仓库（或施工组织设计指定的需要安装设备的堆放地点）所发生的运费和装卸费；进口设备则由我国到岸港口或边境车站起至工地仓库（或施工组织设计指定的需安装设备的堆放地点）所发生的运费和装卸费。

（2）包装费

包装费是指在设备原价中没有包含的，为运输而进行的包装所支出的各种费用。

（3）设备供销部门手续费

设备供销部门手续费是指按有关部门规定的统一费率计算。

（4）采购与仓库保管费

采购与仓库保管费是指采购、验收、保管和收发设备所发生的各种费用，包括设备采购人员、保管人员和管理人员的工资、工资附加费、办公费、差旅交通费、设备供应部门办公和仓库所占固定资产使用费、工具用具使用费、劳动保护费、检验试验费等。这些费用应按有关部门规定的采购与保管费费率计算。

设备运杂费按设备原价乘以设备运杂费率计算，其公式为：

设备运杂费=设备原价×设备运杂费率。

其中，设备运杂费率按有关部门的规定计取。

（二）工具、器具及生产家具购置费

工具、器具及生产家具购置费，是指新建或扩建项目初步设计规定的，保证初期正常生产必须购置的没有达到固定资产标准的设备、仪器、工卡模具、器具、生产家具和备品备件的购置费用。一般以设备购置费为计算基数，按照部门或行业规定的工具、器具及生产家具费率计算。计算公式为：

工具、器具及生产家具购置费=设备购置费用×定额费率。

三、工程建设其他费用

工程建设其他费用是指建设单位从工程筹建起到工程竣工验收交付使用为止的整个建设期间，除建筑安装工程费用和设备、工器具购置费以外的，为保证工程建设顺利完成和交付使用后能够正常发挥效用而发生的各项费用的总和。工程建设其他费用按照其内容大致可以分为三类。第一类是土地使用费；第二类是与工程建设有关的其他费用；第三类是与未来生产经营有关的其他费用。

（一）土地使用费

土地使用费是指建设项目通过划拨或土地使用权出让取得土地使用权，所需的土地征用及迁移补偿费或土地使用权出让金。

1.土地征用及迁移补偿费

土地征用及迁移补偿费是指建设项目通过划拨方式取得无限期的土地使用权，依照《中华人民共和国土地管理法》等规定所支付的费用，包括征用集体土地的费用和对城市土地实施拆迁补偿所需的费用。其具体内容包括：土地补偿费，青苗补偿费以及被征用土地上的房屋、水井、树木等附着物补偿费，安置补助费，耕地占用税或城镇土地使用税，土地登记费及征地管理费，征地动迁费，水利水电工程、水库淹没处理补偿费等。

2.土地使用权出让金

土地使用权出让金是指建设项目通过土地使用权出让方式，取得有限期的土地使用权，依照《中华人民共和国城镇国有土地使用权出让和转让暂行条例》规定支付的土地使用权出让金。

（二）与项目建设有关的其他费用

根据项目的不同，与项目建设有关的其他费用的构成也不尽相同。一般包括以下各项：

1.建设单位管理费

建设单位管理费是指建设项目从立项、筹建、建设、联合试运转到竣工验收交付使用全过程管理所需费用。内容包括：

（1）建设单位开办费

建设单位开办费是指新建项目为保证筹建和建设工作正常进行所需办公设备、生活家具、用具、交通工具等的购置费用。

（2）建设单位经费

建设单位经费包括工作人员的基本工资、工资性津贴、职工福利费、劳动保护费、劳动保险费、办公费、差旅交通费、工会经费、职工教育经费、固定资产使用费、工具用具使用费、技术图书资料费、生产人员招募费、工程招标费、合同契约公证费、工程质量监督检测费、工程咨询费、法律顾问费、审计费、业务招待费、排污费、竣工交付使用清理及竣工验收费、后评价费等费用。不包括应计入设备、材料预算价格的建设单位采购及保管设备材料所需的费用。

2.研究试验费

研究试验费是指为本建设项目提供或验证设计参数、数据资料等进行必要的研究试验，以及设计规定在施工中必须进行的试验、验证所需的费用，包括自行或委托其他部门研究试验所需人工费、材料费、实验设备及仪器使用费，支付的科技成果、先进技术的一次性技术转让费。

3.勘察设计费

勘察设计费是指为本建设项目提供项目建议书、可行性研究报告及设计文件等所需费用，内容包括：

（1）编制项目建议书、可行性研究报告及投资估算、工程咨询、评价以及为编制上述文件所进行勘察、设计、研究试验等所需费用；

（2）委托勘察、设计单位进行初步设计、施工图设计及概预算编制等所需费用；

（3）在规定范围内由建设单位自行完成的勘察、设计工作所需费用。

4.工程监理费

工程监理费是指委托工程监理单位对工程实施监理工作所需支付的费用。

5.工程保险费

工程保险费是指建设项目在建设期间根据需要，实施工程保险部分所需费用，其包括以各种建筑工程及其在施工过程中的物料、机器设备为保险标的建筑工程一切险，以安装工程中的各种机器、机械设备为保险标的安装工程一切险，以及机器损坏保险等。

6.建设单位临时设施费

建设单位临时设施费是指建设期间建设单位所需临时设施的搭设、维修、摊销费用或租赁费用。临时设施包括：临时宿舍、文化福利及公用事业房屋与构筑物，仓库、办公室、加工厂，以及规定范围内道路、水、电、管线等临时设施和小型临时设施。

7.引进技术和设备进口项目的其他费用

引进技术和设备进口项目的其他费用，内容包括：

（1）为引进技术和进口设备派出人员进行设计和联络、设备材料监检、培训等所发生的差旅费、置装费、生活费用等；

（2）国外工程技术人员来华差旅费、生活费和接待费用等；

（3）国外设计及技术资料费、专利、技术引进费和专有技术费、延期或分期付款利息；

（4）引进设备检验及商检费；

（5）金融机构的担保费。

8.工程总承包费

工程总承包费是指具有总承包条件的工程公司，对工程建设项目从开始建设至竣工投产全过程的总承包所需费用。其包括组织勘察设计、设备材料采购、施工招标、施工管理、竣工验收的各种管理费用。不实行工程总承包的项目不计该费用。

（三）与未来生产经营有关的其他费用

1.联合试运转费

联合试运转费是指新建企业或新增加生产工艺过程的扩建企业在竣工验收前，按照设计规定的工程质量标准，进行整个车间的负荷或无负荷联合试运转发生的费用支出超出试运转收入亏损部分。其内容包括：试运转所需的原料、燃料、油料和动力的费用，机械使用费用，低值易耗品及其他物品的购置费用和施工单位参加联合试运转人员的工资等。试运转收入包括试运转产品销售和其他收入，不包括应由设备安装工程费项下列支的单台设备调试费和试车费用。联合试运转费一般根据不同性质的项目按需要试运转车间的工艺设备购置费的百分比计算。

2.生产准备费

生产准备费是指新建企业或新增生产能力的企业，为保证竣工交付使用而进行必要的生产准备所发生的费用。内容包括：

（1）生产人员培训费，包括自行培训、委托其他单位培训的人员的工资、工资性补贴、职工福利费、差旅交通费、学习资料费、学习费、劳动保护费等；

（2）生产单位提前进厂参加施工、设备安装、调试等以及熟悉工艺流程及设备性能等人员的工资、工资性补贴、职工福利费、差旅交通费、劳动保护费等。

3.办公和生活家具购置费

办公和生活家具购置费是指为保证新建、改建、扩建项目初期正常生产、使用和管理所必须购置的办公和生活家具、用具的费用。改建、扩建项目所需的办公和生活用具的购置费应低于新建项目。

四、预备费、建设期贷款利息、固定资产投资方向调节税

（一）预备费

按照我国现行规定，预备费包括基本预备费和涨价预备费。

1.基本预备费

基本预备费是指在初步设计及概算内难以预料的工程费用。其内容包括：

（1）在批准的初步设计范围内，技术设计、施工图设计及施工过程中所增加的工程费用；设计变更、局部地基处理等增加的费用；

（2）一般自然灾害造成的损失和预防自然灾害所采取的措施费用，实行工程保险的工程项目费用应适当降低；

（3）竣工验收时为鉴定工程质量对隐蔽工程进行必要的挖掘和修复费用。

2.涨价预备费

涨价预备费是指建设项目在建设期间内由于价格等变化引起工程造价变化的预测预留费用。内容包括：人工费、设备费、材料费、施工机械的价差费、建筑安装工程费及工程建设其他费用调整，如利率、汇率调整等增加的费用。

（二）建设期间贷款利息

建设期间贷款利息是指为筹措建设项目资金发生的各项费用，包括建设期间投资贷款利息、企业债券发行费、国外借款手续费和承诺费、汇兑净损失及调整外汇手续费、金融机构手续费，以及为筹措建设资金发生的其他财务费用等。

（三）固定资产投资方向调节税

除以上费用外，建设工程造价中还包括固定资产投资方向调节税。为了贯彻国家政策，控制投资规模，引导投资方向，调整投资结构，加强重点建设，促进国民经济持续、稳定、协调发展，会对在我国境内进行固定资产投资的单位和个人征收固定资产投资方向调节税。

第五章　工程设计阶段的造价管理

第一节　基础概述

一、工程设计的含义、阶段划分及程序

（一）工程设计的含义

工程设计是指在工程开始施工之前，设计者根据已批准的设计任务书，为具体实现拟建项目的技术、经济要求，拟订建筑、安装及设备制造等所需的规划、图纸、数据等技术文件的工作。工程设计是建设项目由计划变为现实过程中具有决定意义的工作阶段。设计文件是建筑安装施工的依据，拟建工程在建设过程中能否保证进度、保证质量和节约投资，在很大程度上取决于设计质量的优劣。工程建成后，能否获得满意的经济效果，除了项目决策外，设计工作起着决定性作用。

（二）工程设计的阶段划分

为保证工程建设和设计工作有机地配合和衔接，将工程设计分为几个阶段。根据国家有关文件的规定，一般工业项目可分为初步设计和施工图设计两个阶段进行设计，称为"两阶段设计"；对于技术复杂、设计难度大的工程，可按初步设计、技术设计和施工图设计三个阶段进行，称为"三阶段设计"。小型工程建设项目，技术上简单的，经项目主管部门同意可以简化"施工图设计"；大型复杂建设项目，除按规定分阶段进行设计外，还应进行总体规划设计或总体设计。

民用建筑项目一般分为方案设计、初步设计和施工图设计三个阶段。对于技术上简单的民用建筑工程，经有关部门同意，并且合同中有可不做技术设计的约定，可在方案设计审批后直接进入施工图设计。

（三）工程设计的程序

设计工作的重要原则之一是保证设计的整体性。因此，设计必须按以下程序分阶段进行。

1.设计准备

设计者在着手设计之前，首先要了解并掌握项目各种有关的外部条件和客观情况，包括自然条件，城市规划对建设物的要求，基础设施状况，业主对工程的要求，对工程经济估算的依据，所能提供的资金、材料、施工技术和装备等以及可能影响工程的其他客观因素。

2.初步方案设计

设计者应对工程主要内容的安排有个大概的布局设想，然后要考虑工程与周围环境之间的关系。在这一阶段，设计者同使用者和规划部门充分交换意见，最后使自己的设计符合规划的要求，取得规划部门的同意，设计建筑与周围环境有机融为一体。对于不太复杂的工程，这一阶段可以省略，把有关的工作并入初步设计阶段。

3.初步设计

初步设计是设计过程中的一个关键性阶段，也是整个设计构思基本形成的阶段。此阶段应根据批准的可行性研究报告和可靠的设计基础资料进行编制，综合考虑建筑功能、技术条件、建筑形象及经济合理性等因素提出设计方案，并进行方案的比较和优选，确定较为理想的方案。初步设计阶段包括总平面设计、工艺设计和建筑设计三部分。在初步设计阶段应编制设计概算。

4.技术设计

技术设计是初步设计的具体化，也是各种技术问题的定案阶段。技术设计的详细程度应能满足确定设计方案中重大技术问题和有关实验、设备选制等方面的要求，应能保证根据它可编制施工图和提出设备订货明细表。技术设计文件应根据批准的初步设计文件进行编制，并解决初步设计尚未完全解决的具体技术问题。如果对初步设计阶段所确定的方案有所更改，应对更改部分编制修正概算书。经批准后的技术图纸和说明书即为编制施工图、主要材料设备订货及工程拨款的依据文件。

5.施工图设计

施工图设计一阶段工作主要是关于施工图的设计及制作，以及通过设计好的图纸，把设计者的意图和全部设计结果表达出来，作为施工制作的依据。施工图设计的深度应能满足设备、材料的选择与确定，非标准设备的设计与加工制作，施工图预算的编制，建筑工程施工和安装的要求。在此阶段编制施工图预算工程造价控制文件。

6.设计交底和配合

施工图发出后，根据现场需要，设计单位应派人到施工现场，与建设、施工单位共同会审施工图，进行技术交底，介绍设计意图和技术要求，修改不符合实际和有错误的图纸，参加试运转和竣工验收，解决试运转过程中的各种技术问题，并检验设计的正确和完善程度。

为确保固定资产投资及计划的顺利完成，在各个设计阶段编制相应工程造价控制文件时，要注意技术设计阶段的修正设计概算应低于初步设计阶段的设计概算，施工图设计阶段的施工图预算应低于技术设计阶段的修正设计概算，各阶段逐步由粗到细确定工程造价，经过分段审批，层层控制工程造价，以保证建设工程造价不突破批准的投资限额。

二、设计阶段影响工程造价的因素

不同类型的建筑，使用目的及功能要求不同，影响设计方案的因素也不相同。

工业建筑设计是由总平面设计、工艺设计及建筑设计三部分组成，它们之间相互关联和制约。因此，影响工业建筑设计的因素应从以上三部分考虑才能保证总设计方案经济合理。各部分设计方案侧重点不同，影响因素也略有差异。

民用建筑项目设计是根据建筑物的使用功能要求，确定建筑标准、结构形式、建筑物空间与平面布置以及建筑群体的配置等。

（一）总平面设计

总平面设计是指总图运输设计和总平面配置。其内容主要包括：厂址方案、占地面积和土地利用情况；总图运输、主要建筑物和构筑物及公用设施的配置；水、电、气及其他外部协作条件等。

总平面设计是否合理对于整个设计方案的经济合理性有重大影响。正确合理的总平面设计可以大大减少建筑工程量，节约建设用地，节省建设投资，降低工程造价和项目运行后的使用成本，加快建设进度，可以为企业创造良好的生产组织、经营条件和生产环境，还可以为城市建设和工业区创造完美的建筑艺术整体。

总平面设计中影响工程造价的因素有以下几方面：

1.占地面积

占地面积的大小一方面影响征地费用的高低，另一方面影响管线布置成本及项目建成后运营的运输成本。因此，要注意节约用地，不占或少占农田，同时还要满足生产工艺过程的要求，适应建设地点的气候、地形、工程水文地质等自然条件。

2.功能分区

无论是工业建筑还是民用建筑都由许多功能组成，这些功能之间相互联系和制约。合理的功能分区既可以使建筑物各项功能充分发挥，又可以使总平面布置紧凑、安全，避免大挖大填，减少土石方量和节约用地，还能使生产工艺流程顺畅，运输简便，能降低造价和项目建成后的运营费用。

3.运输方式

不同运输方式的运输效率及成本不同。有轨运输运量大，运输安全，但需要一次性投入大量资金；无轨运输无须一次性大规模投资，但是运量小，运输安全性较差。因此，应合理组织场内外运输，选择方便经济的运输设施和合理的运输路线。从降低工程造价角度看，应尽可能选择无轨运输；但若考虑项目运营的需要，如果运输量较大，则有轨运输往往比无轨运输成本低。

（二）工艺设计

一般来说先进的技术方案所需投资较大，劳动生产率较高，产品质量较好。选择工艺技术方案时，应认真进行经济分析，根据我国国情和企业的经济与技术实力，以提高投资的经济效益和企业投产后的运营效益为前提，积极稳妥地采用先进的技术方案和成熟的新技术、新工艺，确定先进适度、经济合理、切实可行的工艺技术方案。

（三）建筑设计

建筑设计部分要在考虑施工过程合理组织和施工条件的基础上，决定工程的立体平面设计和结构方案的工艺要求、建筑物和构筑物及公用辅助设施的设计标准，提出对建筑工艺方案、暖气通风、给排水等问题的简要说明。在建筑设计阶段影响工程造价的主要因素有以下几方面。

1.平面形状

一般来说，建筑物平面形状越简单，其单位面积造价越低。不规则建筑物将导致室外工程、排水工程、砌砖工程及屋面工程等复杂化，从而增加工程费用。一般情况下，建筑物周长与面积的比值 K（单位建筑面积所占外墙长度）越低，设计越经济。K 值按圆形、正方形、矩形、T 形、L 形的次序依次增大。因此，建筑物平面形状的设计应在满足建筑物功能要求的前提下，降低建筑物周长与建筑面积之比，实现建筑物寿命周期成本最低的要求。除考虑造价因素外，还应注意到美观、采光和使用要求方面的影响。

2.流通空间

建筑物的经济平面布置的主要目标之一是在满足建筑物使用要求的前提下，将流通空间（门厅、过道、走廊、楼梯及电梯井等）减少到最小。但是，造价不是检验设计是否合理的唯一标准，其他要求（如美观和功能质量）也是非常重要的。

3.层高

在建筑面积不变的情况下，层高增加会引起各项费用的增加，如墙与隔墙及其有关粉刷、装饰费用的提高；供暖空间体积增加，导致热源及管道费增加；卫生设备、上下水管道长度增加；楼梯间造价和电梯设备费用增加；施工垂直运输量增加，导致运输费用增加。如果由于层高增加而导致建筑物总高度增加很多，则还可能需要增加结构和基础造价。

单层厂房的高度主要取决于车间内的运输方式。选择正确的车间内部运输方式，对于降低厂房高度，降低造价具有重要意义。在可能的条件下，特别是当起重量较小时，应考虑采用悬挂式运输设备来代替桥式吊车；多层厂房的层高应综合考虑生产工艺、采光、通风及建筑经济的因素来进行选择；多层厂房的建筑层高还取决于能否容纳车间内的最大生产设备和满足运输的要求。

4.建筑物层数

建筑工程总造价是随着建筑物的层数增加而提高的。但是，当建筑层数增加时，单位建筑面积所分摊的土地费用及外部流通空间费用将有所降低，从而使建筑物单位面积造价发生变化。建筑物层数对造价的影响，因建筑类型、形式和结构的不同而不同。如果增加一个楼层不影响建筑物的结构形式，单位建筑面积的造价就可能会降低。但是，当建筑物超过一定层数时，结构形式就要改变，单位造价通常会增加。随着建筑物的增高，电梯及楼梯的造价会有提高的趋势，建筑物的维修费用也将增加，但是采暖费有可能下降。

工业厂房层数的选择应重点考虑生产性质和生产工艺的要求。对于需要跨度大和层度高，拥有重型生产设备和起重设备，生产时有较大振动及大量热和气散发的重型工业设备，采用单层厂房是经济合理的；而对于工艺过程紧凑，设备和产品重量不大，并要求恒温条件的各种轻型车间，可采用多层厂房，以充分利用土地，节约基础工程量，缩短交通线路和工程管线的长度，降低单方造价。同时，还可以减少传热面，节约热能。

确定多层厂房的经济层数主要有两个因素：一是厂房展开面积的大小，展开面积越大，层数能增加越多；二是厂房宽度和长度，宽度和长度越大，经济层数能增加越多，造价也随之降低。

5.柱网布置

柱网布置是确定柱子的行距（跨度）和间距（每行柱子中相邻两个柱子间的距离）的依据。柱网布置是否合理，对工程造价和厂房面积的利用效率都有较大的影响。由于科学技术的飞跃发展，生产设备和生产工艺都在不断地变化。为适应这种变化，厂房柱距和跨度应适当扩大，以保证厂房有更大的灵活性，避免生产设备和工艺的改变受到柱网布置的限制。

6.建筑物的体积与面积

通常情况下，随着建筑物体积和面积的增加，工程总造价会提高。因此，应尽量减少建筑物的体积与总面积。对于工业建筑，在不影响生产能力的条件下，厂房、设备布置力求紧凑合理；要采用先进工艺和高效能的设备，节省厂房面积；要采用大跨度、大柱距的大厂房平面设计形式，以提高平面利用系数。

7.建筑结构

建筑结构是指建筑工程中由基础、梁、板、柱、墙、屋架等构件所组成的起骨架作用的、能承受直接和间接"作用"的体系。建筑结构按所用材料可分为砌体结构、钢筋混凝土结构、钢结构和木结构等。

三、设计阶段工程造价管理的主要工作内容和意义

（一）设计阶段工程造价管理的主要工作内容

设计阶段工程造价管理的主要工作内容是根据委托合同约定可选择设计概算、施工图预算或进行概（预）算审查，工作目标是保证概（预）算编制依据的合法性、时效性、适用性和概（预）算报告的完整性、准确性、全面性。可通过概（预）算对设计方案作出客观经济的评价，同时还可根据委托人的要求和约定对设计提出可行的造价管理方法及优化建议。

设计阶段工程造价管理的阶段性工作成果文件是指设计概算造价报告、施工图预算造价报告或其审查意见等。

（二）设计阶段控制工程造价的重要意义

设计阶段的工程造价控制有以下重要意义：

（1）在设计阶段进行工程造价的计价分析可以使造价构成更合理，提高资金利用效率。在设计阶段工程造价的计价形式是编制设计概算，通过概算了解工程造价的构成，分析资金分配的合理性，并可以利用设计阶段各种控制工程造价的方法使经济与成本更趋于合理化。

（2）在设计阶段进行工程造价的计价分析可以提高投资控制效率。编制设计概算可以了解工程各组成部分的投资比例，对于投资比例较大的部分应作为投资控制的重点，这样可以提高投资控制效率。

（3）在设计阶段控制工程造价会使控制工作更主动。设计阶段控制工程造价，可以使被动控制变为主动控制。设计阶段可以先开列新建建筑物每一部分或分项的计划支出费用的报表，即投资计划，然后当详细设计方案制定出来后，对照造价计划中所列的指

标进行审核，预先发现差异，以此主动采取一些控制方法消除差异，使设计更经济。

（4）在设计阶段控制工程造价，便于技术与经济相结合。设计人员往往关注工程的使用功能，力求采用较先进的技术方法实现项目所需功能，对经济因素考虑较少。在设计阶段吸引控制造价的人员参与全过程设计，使设计一开始就建立在牢固的经济基础之上，在做重要决定时就能充分认识其经济后果。

（5）在设计阶段控制工程造价效果最显著。工程造价控制贯穿项目建设全过程，而设计阶段的造价对投资造价的影响程度很大。控制建设投资的关键在设计阶段，在设计一开始就将控制投资的思想植根于设计人员的头脑中，可以保证选择恰当的设计标准和合理的功能水平。

第二节　设计方案的优选与设计概算

一、设计方案的评价原则

建筑工程设计方案评价就是对设计方案进行技术与经济分析、计算、比较和评价，从而选出技术上先进、结构上坚固耐用、功能上适用、造型上美观、环境上自然协调和经济合理的最优设计方案，为决策提供科学的依据。

为了提高工程建设投资效果，从选择建设场地和工程总平面布置开始，直至建筑节点的设计都应进行多方案比选，从中选取技术先进、经济合理的最佳设计方案。设计方案评价应遵循以下原则：

第一，设计方案必须要处理好经济合理性与技术先进性之间的关系。技术先进性与经济合理性有时是一对矛盾体，设计者应妥善处理好两者的关系，一般情况下，要在满足使用者要求的前提下，尽可能地降低工程造价。

第二，设计方案必须兼顾建设与使用，并考虑项目全寿命费用。造价水平的变化会影响项目将来的使用成本。如果单纯降低造价，建造质量得不到保障，就会导致使用过程中的维修费用很高，甚至有可能发生重大事故。在设计过程中应兼顾建设过程和使用过程，力求项目寿命周期费用最低。

第三，设计必须兼顾近期与远期的要求。一项工程建成后，往往会在很长时间内发挥作用，如果按照目前的要求设计工程，将来可能会出现由于项目功能无法满足需要而重新建造的情况。所以设计者要兼顾近期和远期的要求，选择项目合理的功能水平。

二、设计方案评价方法

（一）多指标评价法

多指标评价法是通过对反映建筑产品功能和耗费特点的若干技术经济指标的计算、分析、比较，评价设计方案的经济效果。多指标评价法分为多指标对比法和多指标综合评分法。

1.多指标对比法

多指标对比法是目前采用比较多的一种方法。其基本特点是使用一组适用的指标体系，将对比方案的指标值列出，然后逐一进行对比分析，根据指标值的高低来分析判断方案的优劣。

使用这种方法首先需要将指标体系中的各个指标，按其在评价中的重要性分成主要指标和辅助指标。主要指标是能够比较充分反映工程的技术经济特点的指标，是确定工程项目经济效果的主要依据。辅助指标在技术经济分析中处于次要地位，是主要指标的补充。当主要指标不足以说明方案的技术经济效果的优劣时，辅助指标就成为进一步进行技术经济分析的依据。但是，要注意方案在功能、价格、时间及风险等方面的可比性。如果方案不完全符合对比条件，就要加以调整，使其满足对比条件后再进行对比，并在综合分析时予以说明。

这种方法的优点是指标全面、分析确切，通过各种技术经济指标的定性或定量，直接反映方案技术经济性能的主要方面，但不便于对某一功能进行评价，不便于综合定量分析，容易出现某一方面有些指标较优另一些指标较差，而有些指标较差而另一些指标较优这种不同指标的评价结果不同的情况，从而使分析工作复杂化。

2.多指标综合评分法

该法首先对需要进行分析评价的方案设定若干评价指标，并按其重要程度确定各指标的权重；然后确定评分标准，并就各设计方案对各指标的满足程度打分；最后计算各方案的加权得分，以加权得分高者为最优设计方案。这种方法是定性分析、定量打分相结合的方法，该方法的关键是评价指标的选取和指标权重的确定。

这种方法的优点在于能避免多指标对比法指标间可能发生相互矛盾的现象，评价结果是唯一的。但是，这种方法在确定权重及评分过程中存在主观臆断成分，同时由于分值是相对的，因而不能直接判断出各方案的各项功能实际的水平。

（二）静态投资效益评价法

静态投资效益评价法是不考虑资金时间价值的评价方法，其包括投资回收期法和计算费用法两种方法。

1.投资回收期法

投资回收期反映初始投资的补偿速度，是衡量设计方案优劣的重要依据。投资回收期越短，设计方案越好。

不同设计方案的比较和选择，实际上是互斥方案的选择和比较，首先要考虑方案可比性。当互相比较的各设计方案能满足相同的需要时，就只需比较它们的投资和经营成本的大小，用差额投资回收期比较。

差额投资回收期是指在不考虑时间价值的情况下，用投资大的方案比投资小的方案所节约的经营成本来回收差额投资所需要的期限。

如果两个比较方案的年业务量不同，则需将投资和经营成本转化为单位业务量的投资和成本，然后再计算差额投资回收期，进行方案比较、选择。

2.计算费用法

评价设计方案的优劣应考虑工程的全寿命费用。全寿命费用不仅包括初始投资，还包括运营期的费用。但是，初始投资和运营期的费用是两类不同性质的费用，两者不能直接相加。一种合乎逻辑的计算费用的方法是将二次性投资与经常性的经营成本统一为一种性质的费用，可直接评价设计方案的优劣。

（三）动态经济评价指标

动态经济评价指标是考虑时间价值的指标。对于寿命期相同的设计方案，可采用净现值法、净年值法、差额内部收益率法等进行比较。对于寿命期不同的设计方案，可采用净年值法进行比较。净年值（Net Annual Value，简称 NAV）又称等额年值或等额年金，是以基准收益率将项目计算期内净现金流量等值换算而成的等额年值。净年值与净现值的相同之处是两者都要在给出的基准收益率基础上进行计算；不同之处是，净现值把投资过程的现金流量折算为基准期现值，而净年值把现金流量折算为等额年值，主要用于寿命期不同的多方案评价与比较，特别是寿命周期相差较大的多方案评价与比较。

三、工程设计方案的优化途径

实际工作中可通过设计招投标和方案竞选、推广标准化设计、限额设计、运用价值工程等方法对工程设计进行优化。

（一）通过设计招投标和方案竞选优化设计方案

设计招标建设单位或招标代理机构首先就要制定设计任务，编制招标文件，并通过报刊、网络或其他媒体发布招标会，吸引设计单位参加设计招标或设计方案竞选，然后对投标单位进行资格审查，并向合格的设计单位发送招标文件，组织投标单位勘察工程现场，解答投标单位提出的问题。投标单位编制并投送标书，建设单位或招标代理机构组织开标和评标活动,择优确定中标设计单位并发出中标通知。双方签订设计委托合同。

设计招标时应鼓励竞争，促使设计单位改进管理，采用先进技术，降低工程造价，提高设计质量。这样也有利于控制项目建设投资和缩短设计周期，降低设计费用，提高投资效益。

设计招投标是招标方和投标方之间的经济活动，其行为受我国《招标投标法》的保护和监督。

设计方案竞标建设单位或招标代理机构竞标文件一经发出，不得擅自变更其内容或附加文件，参加方案竞标的各设计单位提交设计竞标方案后，建设单位组织有关人员和专家组成评定小组对设计方案按规定的评定方法进行评审，从中选择技术先进、功能全面、结构合理、安全适用、满足建筑节能及环保要求、经济美观的设计方案。综合评定各设计方案优劣，从中选择最优的设计方案，或将各方案的可取之处重新组合，提出最佳方案。

方案竞标有利于设计方案的选择和竞争，可以扩大建设单位选用设计方案的范围；同时，参加方案竞标的单位想要在竞争中获胜，就要有独特之处。

（二）推广标准化设计优化设计方案

1.标准化设计的概念

标准化设计又称定型设计、通用设计，是工程建设标准化的组成部分。各类工程建设的构件、配件、零部件、通用的建筑物、构筑物、公用设施等，只要有条件，都应该实施标准化设计。

因为标准化设计来源于工程建设实际经验和科技成果，是将大量成熟的、行之有效的实际经验和科技成果，按照统一、简化、协调选优的原则，提炼上升为设计规范和设计标准，所以设计质量比一般工程设计质量高。另外，由于标准化设计采用的都是标准构配件，建筑构配件和工具式模板的制作过程可以从工地转移到专门的工厂中批量生产，使施工现场变成"装配车间"和机械化浇筑场所，把现场的工程量压缩到最低限度。

广泛采用标准化设计，可以提高劳动生产率，加快工程建设进度。设计过程中，采用标准构件，可以节省设计力量，加快设计图纸的提供速度，大大缩短设计时间，一般可以提高设计速度1~2倍，从而使施工准备工作和定制预制构件等生产准备工作提前，缩短整个建设周期。另外，由于生产工艺定型，生产均衡，统一配料，劳动效率提高，因而标准配件的生产成本会大幅度降低。

广泛采用标准化设计，可以节约建筑材料，降低工程造价。由于标准构配件的生产是在场内大批量生产，因此便于预制厂统一安排，合理配置资源，发挥规模经济的作用，节约建筑材料。

标准化设计是经过多次反复实践加以检验和补充完善的，能较好地贯彻国家技术经济政策，密切结合自然条件和技术发展水平，合理利用资源，充分考虑施工生产、使用维修的要求，既经济又优质。

2.标准化设计优化的目的

工程设计的整体性原则要求我们不仅要追求工程设计各个部分的优化，而且要注意各个部分的协调配套。设计方案的优化是设计阶段的重要步骤，是控制工程造价的有效方法，其目的是通过论证拟采用的设计方案技术上是否先进可行，功能上是否满足需要，经济上是否合理，使用上是否安全可靠，从而有效地从源头上控制工程造价。

3.标准化设计优化的步骤

设计优化的步骤如图 5-1 所示。

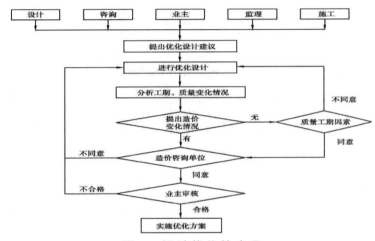

图 5-1 设计优化的步骤

（三）限额设计优化设计方案

限额设计的全过程实际上就是建设项目投资目标管理的过程，即目标分解与计划、目标实施、目标实施检查、信息反馈的控制循环过程。

限额设计的基本原理是通过合理确定设计标准、设计规模和设计原则，合理确定概预算基础资料，并通过层层设计限额来实现对投资限额的控制和管理。

1.限额设计的概念

限额设计就是按照项目设计任务书批准的投资估算额进行初步设计，按照初步设计概算造价限额，进行施工图设计，按施工图预算造价对施工图设计的各个专业设计文件进行决策。各专业在保证达到使用功能的前提下，按分配的投资限额控制设计，严格控制技术设计和施工图设计的变更，保证总投资限额不被突破。限额设计是在资金一定的情况下，尽可能提高工程功能水平的一种设计方法。

限额设计是建设项目投资控制系统中的一个重要环节，或称为一项关键措施。在整个设计过程中，设计人员应与经济管理人员密切配合，做到技术与经济的统一。设计人员在设计时要考虑经济支出，做出方案比较，这有利于强化设计人员的工程造价意识，进行优化设计。经济管理人员应及时进行造价计算，为设计人员提供信息，使设计小组内部形成有机整体，克服相互脱节现象，达到动态控制投资的目的。推行限额设计有利于处理好技术与经济的关系，提高设计质量，优化设计方案，且有利于增强设计单位的责任感。

2.限额设计的目标

限额设计的目标是在初步设计开始前，根据批准的可行性研究报告及其投资估算确定的。由于工程设计是一个从概念到实施的不断认识的过程，控制限额难免会产生偏差或错误，因此限额设计应以合理的限额为目标。目标值过低会造成这个目标值被突破，限额设计无法实现；目标值过高会造成投资浪费。限额设计以系统工程理论为基础，应用现代数学方法对工程设计方案、设备造型、参数匹配、效益分析等进行优化设计，确保限额目标的实现。

3.限额设计的过程

投资分解和工程量控制是实行限额设计的有效途径和主要方法。投资分解就是把投资限额合理地分配到单项工程、单位工程，甚至分部工程中去，通过层层限额设计，实现对投资限额的控制与管理。工程量控制是实现限额设计的主要途径，工程量的大小直接影响工程造价，但是工程量的控制应以设计方案的优选为手段，不应牺牲质量和安全。

限额设计过程是一个目标分解与计划、目标实施、目标实施检查、信息反馈的控制循环过程。

限额设计体现了设计标准、规模、原则的合理确定，体现了有关概预算基础资料的合理确定，其通过层层限额设计，实现了对投资限额的控制。

4.限额设计的控制内容

限额设计控制工程造价可以从纵向控制和横向控制两个角度入手。限额设计的纵向控制指在设计工作中，根据前一设计阶段的投资确定控制后一设计阶段的投资控制额。具体来说，可行性研究阶段的投资估算作为初步设计阶段的投资限额，初步设计阶段的设计概算作为施工图设计阶段的投资限额，即按照限额设计过程从前往后依次进行控制，成为纵向控制。限制设计的控制内容具体包括以下几个阶段：

（1）投资分解

设计任务书获得批准后，设计单位在设计之前应在设计任务书的总框架内将投资先分解到各专业，然后再分配到各单项工程和单位工程，作为进行初步设计的造价控制目标。

（2）初步设计阶段的限额设计

初步设计应严格按分配的造价控制目标进行设计。在初步设计开始前，项目总设计师应将设计任务书规定的设计原则、建设方针和投资限额向设计人员交底，将投资限额分专业下达到设计人员，发动设计人员认真研究实现投资限额的可能性，切实进行多方案比选，从中选出既能达到工程要求，又不超过投资限额的方案，以此作为初步设计方案。

（3）施工图设计阶段的限额控制

在施工图设计中，无论是建设项目总造价，还是单项工程造价，均不应该超过初步设计概算造价。设计单位按照造价控制目标确定施工图设计的构造，选用材料和设备。进行施工图设计应把握两个标准，一个是质量标准，一个是造价标准，应做到两者协调一致，相互制约。

（4）设计变更

在初步设计阶段由于外部条件制约和人们主观认识的局限，往往会导致施工图设计阶段，甚至施工过程中的局部修改和变更，引起对已经确认的概算价值的变化。这种变化在一定范围内是允许的，但必须经过核算和调整，即先算账后变更。

如果涉及建设规模、设计方案等的重大变更，使预算大幅度增加时，必须重新编制或修改初步设计文件，并重新报批。为实现限额设计的目标，应严格控制设计变更。

限额设计的横向控制指的是对设计单位及其内部各专业、科室及设计人员进行考核，实施奖惩，进而保证设计质量的一种控制方法。首先，横向控制必须明确设计单位内部各专业科室对限额设计所负的责任，将工程投资按专业进行分配，并分段考核，下段指标不得突破上段指标。责任落实越接近个人，效果就越明显，应赋予责任者履行责任的权利。

其次，要建立健全奖惩制度。设计单位在保证工程安全和不降低工程功能的前提下，采用新材料、新工艺、新设备、新方案，节约了投资的，应根据节约投资额的大小，对设计单位给予奖励；因设计单位设计错误、漏项或扩大规模和提高标准而导致静态投资超支的，要视其超支比例扣减相应比例的设计费。

四、设计概算的基本概念

（一）设计概算的含义

设计概算是设计文件的重要组成部分，是在投资估算的控制下由设计单位根据初步设计或扩大初步设计图纸及说明，利用国家或地区颁发的概算定额、概算指标或综合指标预算定额、设备材料预算价格等资料，按照设计要求，概略地计算建设项目从筹建至竣工交付使用所需全部费用的文件。

采用两阶段设计项目的，初步设计阶段必须编制设计概算；采用三阶段设计项目的，技术设计阶段必须编制修正概算。概算由设计单位负责编制。一个设计项目由几个设计单位共同设计时，应由主体设计单位负责汇总编制总概算书，其他单位负责编制所承担工程设计的概算。

（二）设计概算的作用

设计概算的作用可归纳为以下几点。

（1）设计概算是编制建设项目投资计划、确定和控制建设项目投资的依据。竣工结算不能突破施工图预算，施工图预算不能突破设计概算，以确保国家固定资产投资计划的严格执行和有效控制。如果由于设计变更等原因使建设费用超过概算，必须重新审查批准。

（2）设计概算是签订建设工程合同和贷款合同的依据。设计总概算一经批准，就作为工程造价管理的最高限额，作为银行拨款或签订贷款合同的最高限额。

（3）设计概算是控制施工图设计和施工图预算的依据。设计单位必须按照批准的初步设计和总概算进行施工图设计，施工图预算不得突破设计概算，如确需突破设计概算时，应按规定程序报批。

（4）设计概算是衡量设计方案经济合理性和选择最佳设计方案的依据。设计部门在初步设计阶段要选择最佳设计方案，设计概算是从经济角度衡量设计方案经济合理性的重要依据。因此，设计概算是设计方案技术经济合理性的综合反映，据此可以对不同设计方案进行技术与经济的比较，选择最佳的设计方案。

（5）设计概算是考核建设项目投资效果的依据。通过设计概算与竣工决算的对比，可以分析和考核投资效果的好坏，同时还可以验证实际概算的准确性，有利于加强设计概算管理和设计项目的造价管理工作。

（三）设计概算的内容

设计概算可分为单位工程概算、单项工程概算和建设项目总概算三级。

1.单位工程概算

单位工程是指具有独立设计文件，能够独立组织施工，但不能独立发挥生产能力或使用效益的工程，是单项工程的组成部分。单位工程概算是确定各单位工程建设费用的文件，是编制单项工程综合概算的依据。

单位工程按其工程性质可分为建筑工程和设备及安装工程两类。建筑工程概算包括土建工程概算，给排水、采暖工程概算，通风、空调工程概算，电气照明工程概算，弱电工程概算，特殊构筑物工程概算等。设备及安装工程概算包括机械设备及安装工程概算，电气设备及安装工程概算，热力设备及安装工程概算，工具、器具及生产家具购置费概算等。

2.单项工程概算

单项工程是指在一个建设项目中具有独立的设计文件，建成后可以独立发挥生产能力或工程效益的项目，是建设项目的组成部分，如生产车间、办公楼、食堂、图书馆、学生宿舍、住宅楼等。

单项工程概算是确定一个单项工程所需建设费用的文件，它是由单项工程中的各项单位工程概算汇总编制而成的，是建设项目总概算的组成部分。

3.建设项目总概算

建设项目总概算是确定整个建设项目从筹建到竣工验收所需全部费用的文件，是由各单项工程综合概算、工程建设其他费用概算、预备费、建设期贷款利息概算等汇总编制而成的。

若干个单位工程概算汇总后成为单项工程概算，若干个单项工程概算和工程其他费用、预备费、建设期利息等概算文件汇总成为建设项目总概算。单项工程概算和建设项目总概算仅是一种归纳、汇总性文件。因此，最基本的计算文件是单位工程概算书。建设项目若为一个独立的单项工程，则建设项目总概算书与单项工程综合概算书可以合并编制。

五、设计概算的编制原则和依据

（一）设计概算的编制原则

为提高设计概算的编制质量，科学合理确定建设项目投资，应坚持以下原则：

（1）严格执行国家的建设方针和经济政策的原则。设计概算是一项技术和经济相结合的重要工作，要严格按照党和国家的方针、政策办事，坚决执行勤俭节约的方针，严格遵照规定的设计标准。

（2）完整、准确地反映设计内容的原则。编制设计概算时，要认真了解设计意图，根据设计文件、图纸准确计算工程量，避免重算和漏算。设计修改后，要及时修正概算。

（3）坚持结合拟建工程的实际，反映工程所在地当时价格水平的原则。为提高设计概算的准确性，要实事求是地对工程所在地的建设条件、可能影响造价的各种因素进行认真调查研究。在此基础上正确使用定额、指标、费率和价格等各项编制依据，按照现行工程造价的构成，根据有关部门发布的价格信息及价格调整指数，使概算尽可能完整地、准确地反映设计内容、施工条件和实际价格。

（二）设计概算的编制依据

编制设计概算应依据以下内容：

（1）国家发布的有关法律法规和方针政策等；

（2）批准的可行性研究报告及投资估算和主管部门的有关规定；

（3）初步设计图纸及有关资料；

（4）有关部门颁布的现行概算定额、概算指标、费用定额等，以及建设项目设计概算编制办法；

（5）工程造价管理部门发布的人工、设备、材料参考价格、工程造价指数等；

（6）建设地区的自然、技术、经济条件等资料；

（7）有关合同、协议等；

（8）其他相关资料。

六、设计概算的编制方法

建设项目设计概算的编制，一般是从最基本的单位工程概算编制开始，然后再逐级汇总，形成单项工程综合概算及建设项目总概算。下面分别介绍单位工程概算、单项工程综合概算和建设项目总概算的编制方法。

（一）单位工程概算的编制方法

单位工程概算是确定单位工程建设费用的文件，是单项工程综合概算的组成部分。

单位工程概算分建筑工程概算和设备及安装工程概算两大类。建筑工程概算的编制方法有概算定额法、概算指标法、类似工程预算法等；设备及安装工程概算的编制方法有预算单价法、扩大单价法、设备价值百分比法和综合吨位指标法等。

1.概算定额法

概算定额法又称扩大单价法或扩大结构定额法，其是采用概算定额编制建筑工程概算的方法，类似用预算定额编制建筑工程预算。它是根据初步设计图纸资料和概算定额的项目划分计算出工程量，然后套用概算定额单价（基价），计算汇总后，再计取有关费用，便可得出单位工程概算造价。

概算定额法要求初步设计达到一定深度，建筑结构比较明确，能按照初步设计的平面、立面、剖面图纸计算出楼地面、墙身、门窗和屋面等扩大分项工程（或扩大结构构件）项目的工程量时才可采用。

2.概算指标法

概算指标法是用拟建的厂房、住宅的建筑面积（或体积）乘以技术条件相同或基本相同的概算指标得出人、料、机费用，然后按规定计算出企业管理费、利润、规费和税金等，编制出单位工程概算的方法。

概算指标法的适用范围是当初步设计深度不够，不能准确地计算出工程量，但工程设计是采用技术比较成熟而又有类似工程概算指标可以利用时，可采用此法。

采用概算指标法编制概算有两种情况，一种是直接套用，一种是调整概算指标后采用。若设计对象的结构特征与概算指标的技术条件完全相符，可直接套用指标上的$100m^2$建筑面积造价指标，根据设计图纸的建筑面积分别乘以概算指标中的土建、水卫、采暖、电气照明工程各单位工程的概算造价指标，即直接套用概算指标编制概算法。而调整概算指标的方法是由于拟建工程（设计对象）与类似工程的概算指标的技术条件不尽相同，而且概算指标编制年份的设备、材料、人工等价格与拟建工程当时当地的价格也不一样，因此必须对其进行调整。这种方法称为修正概算指标编制概算法。

（二）单项工程综合概算的编制方法

1.单项工程综合概算的含义

单项工程综合概算是确定单项工程建设费用的综合性文件，它是由该单项工程的各专业的单位工程概算汇总而成的，是建设项目总概算的组成部分。

2.单项工程综合概算的内容

单项工程综合概算文件一般包括编制说明和综合概算表（含其所附的单位工程概算表和建筑材料表）两部分。

（1）编制说明

编制说明应列在综合概算表的前面，其内容有以下几项：

①工程概况：简述建设项目性质、生产规模、建设地点等主要情况。

②编制依据：包括国家和有关部门的规定、设计文件，现行概算定额或概算指标、设备材料的预算价格和费用指标等。

③编制方法：说明设计概算的编制方法是根据概算定额、概算指标还是类似预算。

④主要设备和材料数量：说明主要机械设备、电气设备及主要建筑安装材料的数量。

⑤其他需要说明的问题。

（2）综合概算表

综合概算表是根据单项工程所辖范围内的各单位工程概算等基础资料，按照国家或部委所规定的统一表格进行编制的表格。

①综合概算表的项目组成：由建筑工程和设备及安装工程两大部分组成；民用工程项目综合概算表仅建筑工程一项。

②综合概算的费用组成：一般由建筑工程费用、安装工程费用、设备购置及工器具和生产家具购置费组成；不编制总概算时，还应包括工程建设其他费用、建设期贷款利息、预备费和固定资产方向调节税等费用项目。

（三）建设项目总概算的编制方法

1.建设项目总概算的含义

建设项目总概算是设计文件的重要组成部分，是确定整个建设项目从筹建到竣工交付使用所预计花费的全部费用的文件。它是由各单项工程综合概算、工程建设其他费用、建设期贷款利息、预备费、固定资产投资方向调节税和经营性项目的铺底流动资金概算所组成，按照主管部门规定的统一表格进行编制而成的。

2.建设项目总概算的内容

（1）封面、签署页及目录。

（2）编制说明：应包括工程概况、资金来源及投资方式、编制依据及编制原则、编制方法、投资分析、其他需要说明的问题。

（3）总概算表：应反映静态投资和动态投资两部分。静态投资是按设计概算编制期价格、费率、利率、汇率等确定的投资；动态投资指概算编制期到竣工验收前工程和价格变化等多种因素所需的投资。

（4）工程建设其他费用概算表：按国家、地区或相关部门所规定的项目和标准确定，并按统一格式编制。

（5）单项工程综合概算表和建筑安装单位工程概算表。

（6）工程量计算表和工料数量汇总表。

（7）分年度投资汇总表和分年度资金流量汇总表。

七、设计概算的审查

审查概算造价是确定工程建设投资的一个重要环节。通过审查使概算投资总额尽可能地接近实际造价，做到概算投资额更加完整、合理、确切，从而促进概预算编制人员严格执行国家有关概算的编制规定和费用标准，防止任意扩大投资规模或出现漏项，从而减少投资缺口，避免故意压低概算投资。

设计概算在工程建设项目融资、建设计划、工程管理中起着至关重要的作用。因此，对设计概算的审核，是确保设计概算的合理性、准确性和可靠性的重要手段。

（一）审查设计概算的意义

设计概算审查的意义包括以下五个方面：

（1）有利于合理分配投资资金，加强投资计划管理；有助于合理确定和有效控制工程造价。设计概算编制偏高或偏低，不仅影响工程造价的控制，也会影响投资计划的真实性，影响投资资金的合理分配。

（2）有利于促进概算编制单位严格执行国家的相关法规和费用标准，从而提高概算的编制质量。

（3）有利于促进设计的技术先进性与经济合理性。概算中的技术经济指标，是概算的综合反映，与同类工程对比，便可看出它的先进与合理程度。

（4）有利于核定建设项目的投资规模，可使建设项目总投资力求做到准确、完整，防止任意扩大投资规模或出现漏项，从而减少投资缺口，缩小概算与预算之间的差距，避免故意压低概算投资，最后导致实际造价大幅度突破概算。

（5）经审查的概算，能为建设项目投资的落实提供可靠的依据，有利于提高项目投资效益。

（二）设计概算的审查内容

设计概算审查的重点，主要包括建设项目总概算的编制依据、编制深度和工程概算的编制内容三部分。

1.审查设计概算的编制依据

（1）审查编制依据的合法性

采用的各种编制依据必须经过国家和有关机关的批准，符合国家的编制规定，未经批准的不能采用；也不能强调特殊情况，擅自提高概算定额、指标或费用标准。

（2）审查编制依据的时效性

各种依据都应根据国家有关部门的现行规定进行，注意有无调整和新的规定，如果有，应按新的调整办法和规定执行。

（3）审查编制依据的适用范围

各种编制依据都有规定的适用范围，如各主管部门规定的各种专业定额及其取费标准，只用于该部门的专业工程；各地区规定的各种定额及其取费标准只适用于该地区范围内。

2.审查概算编制深度

（1）审查编制说明

审查编制说明可以检查概算的编制方法、深度和编制依据等重大原则问题，若编制说明有差错，具体概算必有差错。

（2）审查概算编制深度

审查是否有符合规定的"三级概算"，各级概算的编制、核对、审核是否按规定签署，有无随意简化，有无把"三级概算"简化为"二级概算"，甚至"一级概算"。

（3）审查概算的编制范围

审查概算编制范围及具体内容是否与主管部门批准的建设项目范围及具体工程内容一致；审查建设项目具体工作内容有无重复计算或漏算；审查其他费用应列的项目是否符合规定，静态投资、动态投资和经营性项目铺底流动资金是否分别列出等。

3.审查工程概算的内容

（1）审查概算的编制是否符合党的方针、政策，是否根据工程所在地的自然条件编制。

（2）审查建设规模（投资规模、生产能力等）、建设标准（用地指标、建筑标准等）、配套工程、设计定员等是否符合原批准的可行性研究报告或立项批文的标准。

（3）审查编制方法、计价依据和程序是否符合现行规定，包括定额或指标的适用范围和调整方法是否正确。进行定额或指标的补充时，要求补充定额的项目划分、内容组成、编制原则等要与现行的定额精神相一致。

（4）审查工程量是否正确。工程量的计算是否根据工程计算量规则和施工组织设计的要求进行，有无多算或漏算，尤其对工程量大、价高的项目要重点审查。

（5）审查材料用量和价格。审查主要材料的用量数据是否正确，材料预算价格是否符合工程所在地的价格水平，材料价差调整是否符合现行规定及其计算是否正确。

（6）审查设备规格、数量和配置是否符合设计要求，是否与设备清单相一致，设备预算价格是否真实，设备原价和运杂费的计算是否正确，非标准设备原价的计价方法是否符合规定，进口设备的各项费用的组成及其计算程序、方法是否符合国家主管部门的规定。

（7）审查建筑安装工程的各项费用的计取是否符合国家或地方有关部门的现行规定，

计算程序和取费标准是否正确。

（8）审查综合概算、总概算的编制内容、方法是否符合现行规定和设计文件的要求，有无设计文件外的项目，有无将非生产性项目以生产性项目列入。

（9）审查总概算文件的组成内容是否完整地包括了建设项目从筹建到竣工投产为止的全部费用组成。

（10）审查工程建设其他各项费用，要按国家和地区规定逐项审查，不属于总概算范围的费用项目不能列入概算，要审查具体费率或计取标准是否按国家、行业有关部门规定计算，有无随意列项、交叉列项和漏项等。审查项目的"三废"治理：拟建项目必须安排"三废"（即废水、废气、废渣）的治理方案和投资，使"三废"排放达到国家标准。

（11）审查技术经济指标。审查技术经济指标计算方法和程序是否正确，综合指标和单项指标与同类型工程指标相比是偏高还是偏低，其原因是什么，并予纠正。

（12）审查投资经济效果。设计概算是初步设计经济效果的反映，要按照生产规模、工艺流程、产品品种和质量，从企业的投资效益和投产后的运营效益全面分析，是否达到了先进可靠、经济合理的要求。

（三）审查设计概算的方法

采用适当的方法审查设计概算，是确保审查质量，提高工作效率的关键。常用方法如下：

1.对比分析法

对比分析法主要是通过建设规模、标准与立项批文对比，工程数量与设计图纸对比，综合范围、内容与编制方法、规定对比，各项取费与规定标准对比，材料、人工单价与统一信息对比，引进设备、技术投资与报价要求对比，技术经济指标与同类工程对比等。通过以上对比，容易发现设计概算存在的主要问题和偏差。

2.查询核实法

查询核实法是对一些关键设备和设施、重要装置、引进工程图纸不全、难以核算的较大投资进行多方查询核对、逐项落实的方法。主要设备的市场价向设备供应部门或招标公司查询核实；重要生产装置、设施向同类企业（工程）查询了解；引进设备价格及有关费税向进出口公司调查核实；复杂的建筑安装工程向同类工程的建设、承包、施工单位征求意见；深度不够或不清楚的问题直接向原概算编制人员、设计者询问。

3.联合会审法

联合会审前，可先采取多种形式分头审查，包括设计单位自审，主管、建设、承包单位初审，工程造价咨询公司评审，邀请同行专家预审，审批部门复审等。经层层审查把关后，由有关单位和专家进行联合会审。在会审大会上，由设计单位介绍概算编制情况及有关问题，各有关单位、专家汇报初审、预审意见；然后进行认真分析、讨论，结合对各专业技术方案的审查意见所产生的投资增减，逐一核实原概算出现的问题；经过充分协商，认真听取设计单位意见后，实事求是地处理和调整。

通过以上复审后，对审查中发现的问题和偏差，按照单项工程、单位工程顺序，先按设备费、安装费、建筑费和工程建设其他费用分类整理，然后按照静态投资、动态投资和铺底流动资金三大类，汇总核增或核减的项目及其投资额，最后将具体审核数据，按照"原编概算""审核结果""增减投资""增减幅度"四栏列表，并按照原总概算表汇总顺序，将增减项目逐一列出，相应调整所属项目投资合计，再依次汇总审核后的总投资及增减投资额。对于差错较多、问题较大或不能满足要求的，责成按会审意见修改返工后重新报批；对于无重大原则问题，深度基本满足要求，投资增减不多的，当场核定概算投资额，并提交审批部门复核后，正式下达审批概算。

第六章　工程施工阶段的造价管理

第一节　基础概述

一、施工阶段的投资项目控制

施工阶段的造价管理应遵循动态控制原理和主动控制原理，根据项目总投资目标及工程承包合同，编制施工阶段的资金使用计划。施工阶段的投资目标控制是把计划投资额作为投资控制的目标值，在工程施工过程中定期进行投资实际值与目标值的比较，通过比较发现并找出实际支出额与投资控制目标值之间的偏差，分析产生偏差的原因，并采取有效措施加以控制，以保证投资控制目标的实现。

施工阶段的工程造价控制，是实施建设工程全过程造价管理的重要组成部分。施工阶段是建筑物实体形成，实现建设工程价值和使用价值的主要阶段，是人力、物力、财力消耗量最大的阶段。此阶段工程量大，涉及面广，影响因素多，施工周期长，涉及的经济关系和法律关系复杂。受自然条件和客观因素的影响，材料设备价格、市场供求波动大，施工阶段也是投资支出最多的阶段。所以，在此阶段应科学、有效、合理地确定资金筹措的方式、渠道、数额、时间等问题，在满足工程资金需要的前提下，尽可能减少资金占用的数量和时间，降低成本。因此，进行造价控制就显得尤为重要。施工阶段投资控制也是工程造价管理的关键环节。施工阶段的资金投入一般占项目总投资70%~90%，理所当然成为投资控制的重点。况且在我国对这一阶段的投资控制的管理技术也相对成熟，也符合我国国情。

二、施工阶段造价管理的主要内容

施工阶段造价管理的主要内容包含如下七个方面：

（1）施工方案的技术经济分析；

（2）投资目标的分解与资金使用计划的编制；

（3）工程计量与合同价款管理；

（4）工程变更控制；

（5）工程索赔控制；

（6）投资偏差分析；

（7）竣工结算的审核。

三、施工阶段造价管理的措施

由于建设项目施工是一个系统的动态过程，具有参与单位及人员多，资源消耗大，建设周期长，施工条件复杂，施工时受到各种客观原因、业主原因、设计原因、施工原因及其他原因的影响等，使得这一阶段的造价管理最为复杂。施工阶段的造价管理需要从组织、经济、技术、合同等多方面采取措施，仅仅靠控制工程款的支付来实现是远远不够的。

（一）组织措施

（1）建立合理的项目组织结构，明确组织分工，落实各个组织、人员的任务分工及职能分工等。例如，针对工程款的支付，从质量检验、计量、审核、签证、付款、偏差分析等程序落实需要涉及的组织及人员。

（2）编制施工阶段投资控制工作计划，建立主要管理工作的详细工作流程，如资金支付的程序、采购的程序、设计变更的程序、索赔的程序等。

（3)委托或聘请有关咨询机构或工程经济专家做好施工阶段必要的技术经济分析与论证。

（二）经济措施

（1）编制资金使用计划，确定分解投资控制目标。

（2）定期收集工程项目成本信息、已完成的任务量情况信息和建筑市场相关造价指数等，对工程施工过程中的资金支出作好分析与预测，对工程项目投资目标进行风险分析，并制定防范性对策。

（3）严格控制工程计量，复核工程付款账单，签发付款证书。

（4）对施工过程资金支出进行跟踪控制，定期进行投资实际支出值与计划目标值的比较，进行偏差分析，发现偏差，分析原因，及时采取纠偏措施。

（5）协商确定工程变更价款，审核竣工结算。

（6）对节约造价的合理化建议进行奖励。

（三）技术措施

（1）对设计变更进行技术经济分析，严格控制不合理变更。

（2）继续寻找通过设计挖掘节约造价的可能性。

（3）审核承包商编制的施工组织设计，对主要施工方案进行技术经济分析。

（四）合同措施

（1）合同实施、修改、补充过程中进一步进行合同评审。

（2）施工过程中及时收集和整理有关的施工、监理、变更等工程信息资料，为正确处理可能发生的索赔提供证据。

（3）参与并按一定程序及时处理索赔事宜。

（4）参与合同的修改、补充工作，着重考虑其对造价的影响。

第二节　工程变更与索赔

在工程项目的实施过程中，由于多种情况，经常出现工程量变化、施工进度变化以及发包方与承包商在执行合同中的争执等问题。这些问题的产生，一方面是由于勘察设计工作不细致，在施工过程中发现许多招标文件没有考虑或估算不准确的工程量，因而不得不改变施工项目或增减工程量；另一方面是由于发生不可预见的事件，如自然或社会原因引起的停工或工期拖延等，由于工程变更所引起的工程量的变化、承包商的索赔等，都有可能使项目造价（投资）超出原来的预算投资。因此，造价管理者必须严格予以控制，密切注意其对未完成工程投资支出的影响及对工期的影响。

一、工程变更

（一）工程变更的定义

工程项目的复杂性决定了发包人在招投标阶段所确定的方案往往存在某些方面的不足。随着工程的进展和对工程本身认识的加深，以及其他外部因素的影响，在工程施工过程中常常需要对工程的范围、技术要求等进行修改，形成工程变更。

工程变更是指合同工程实施过程中，由发包人提出或由承包人提出经发包人批准的合同工程任何一项工作的增、减、取消或施工工艺、顺序、时间的改变，设计图纸的修改，施工条件的改变，招标工程量清单的错、漏，从而引起合同条件的改变或工程量的增减变化。

（二）工程变更的分类

工程变更包括工程量变更、工程项目变更(如发包人提出增加或者删减原项目内容)、进度计划变更、施工条件变更等。考虑到设计变更在工程变更中的重要性，往往将工程变更分为设计变更和其他变更两大类。

1.设计变更

设计变更通常包括更改工程有关部分的高程、基线、位置、尺寸，增减合同中约定的工程量，改变有关工程施工顺序和时间，以及其他有关工程变更需要的附加工作。在施工过程中如果发生设计变更，将对施工进度产生很大的影响，因此应尽量减少设计变更。对必需的变更，应严格按照国家的规定和合同约定的程序进行。由于发包人对原设计进行变更，以及经监理工程师同意的、承包人要求进行的设计变更，导致合同价款的增减及造成的承包人损失，由发包人承担，延误的工期相应顺延。

2.其他变更

合同履行中除设计变更外，其他能够导致合同内容变更的都属于其他变更。例如，双方对工期要求的变化、施工条件和环境的变化导致施工机械和材料的变化、发包人要求变更工程质量标准等。其他变更由双方协商解决。

（三）建设工程施工合同的变更程序

1.设计变更的程序

从合同的角度来看，不论是什么原因导致的设计变更，必须首先由一方提出，因此设计变更可以分为发包人对原设计进行变更和承包人对原设计进行变更两种情况。

（1）发包人对原设计进行变更

施工中发包人如果需要对原工程设计进行变更，应不迟于变更前 14 天以书面形式向承包人发出变更通知。承包人对发包人的变更通知没有拒绝的权利，这是合同赋予发包人的一项权利。变更超过原设计标准或者批准的建设规模时，须经原规划管理部门和其他有关部门审查批准，并由原设计单位提供变更的相应图纸和说明。

（2）承包人对原设计进行变更

承包人应当严格按照图纸施工，不得随意变更设计。施工中承包人提出的合理化建议涉及对设计图纸或者施工组织设计的更改及对原材料、设备的更换，须经工程师同意。工程师同意变更后，也须经原规划管理部门和其他有关部门审查批准，并由原设计单位提供变更的相应图纸和说明。承包人未经工程师同意擅自更改或换用设备，由承包人承担由此发生的费用，赔偿发包人的有关损失，延误的工期不予顺延。

（3）设计变更事项

能够构成设计变更的事项包括：

①更改有关部分的标高、基线、位置和尺寸；

②增减合同中约定的工程量；

③改变有关工程的施工时间和顺序；

④其他有关工程变更需要的附加工作。

2.其他变更的程序

从合同角度看，除设计变更外，其他能够导致合同内容变更的都属于其他变更，如双方对工程质量要求的变化（当然是涉及强制性标准变化）、双方对工期要求的变化、施工条件和环境的变化导致施工机械和材料的变化等。这些变更的程序，首先应当由一方提出，与对方协商一致签署补充协议后，方可进行变更。

（四）工程变更后合同价款的确定

1.工程变更后合同价款的确定程序

设计变更发生后，承包人在工程设计变更确定后 14 天内，应提出变更工程价款的报告，经工程师确认后调整合同价款；承包人在确定变更后 14 天内如不向工程师提出变更工程价款报告，视为该项设计变更不涉及合同价款的变更。工程师收到变更工程价款报告之日起 14 天内，予以确认。工程师无正当理由不确认时，自变更价款报告送达之日起 14 天后变更工程价款报告自行生效。

2.工程变更后合同价款的确定方法

《建设工程施工合同（示范文本）》（GF-2017-0201）约定的工程变更项目单价或价格的确定方法如下：

（1）合同中已有适用于变更工程的价格，按合同已有的价格计算变更合同价款。

（2）合同中只有类似于变更工程的价格，可以参照类似价格确定变更合同价款。

（3）合同中没有适用或类似于变更工程的价格，由承包人提出适当的变更价格，经工程师确认后执行。

如双方不能达成一致的，双方可提请工程所在地工程造价管理机构进行咨询或按合同约定的争议或纠纷处理程序及方法进行解决。

因此，在变更后合同价款的确定上，首先应当考虑使用合同中已有的、能够适用或者能够参照适用的标准，其原因在于合同中已经订立的价格（一般是通过招标投标）是较为公平合理的。确认增加（减少）的工程变更价款作为追加（减少）合同价款与工程进度款同期支付。

二、工程索赔

（一）工程索赔概述

1.工程索赔的概念

工程索赔是在工程承包合同履行中，当事人一方由于另一方未履行合同所规定的义务或者出现了应当由对方承担的风险而遭受损失时，向另一方提出赔偿要求的行为。受施工现场条件、气候条件的变化、设计变更、合同条款、规范、标准文件和施工图纸的差异、延误等因素的影响，工程承包中不可避免地会出现索赔。

索赔属于经济补偿行为，索赔工作是承发包双方之间经常发生的管理业务。在实际工作中，"索赔"是双向的，既包括承包人向发包人的索赔，也包括发包人向承包人的索赔。在国际工程的索赔实践中，工程界将承包商向业主的施工索赔简称为"索赔"，而将业主向承包商的索赔称为"反索赔"。

索赔可以概括为以下三个方面：

（1）一方违约使另一方蒙受损失，受损方向对方提出赔偿损失的要求。

（2）发生应由业主承担责任的特殊风险或遇到不利的自然条件等情况，使承包商蒙受较大损失而向业主提出补偿损失要求。

（3）承包商本人应当获得的正当利益，由于没能及时得到监理工程师的确认和业主应给予的支付，而以正式函件向业主索赔。

2.索赔的意义

在履行合同义务过程中，当一方的权利遭受损失时，向对方提出索赔是弥补损失的唯一选择。无论是对承包商，还是对业主，做好索赔管理都具有重要意义。

（1）索赔是为了维护应得权利

双方签订的合同，应体现公平合理的原则。在履行合同过程中，双方均可利用合同赋予自己的权利，要求得到自己应得的利益。因此，在整个工程承包经营中，承包商可以充分地运用施工承包合同赋予自己进行索赔的权利，对在履行合同义务中产生的额外支出提出索赔。实践证明，如果善于利用合同进行施工索赔，可能会获得相当大的索赔款额，有时索赔款额可能超过报价书中的利润。因此，施工索赔已成为承包商维护自身合法权益的关键方法。

（2）有助于提高承包商的经营管理水平

索赔要想获得成功，关键是承包商必须有较高的合同管理水平，尤其是索赔管理水平，能够制定出切实可行的索赔方案。因此，承包商必须要有合同管理方面的人才和现代化的管理方法，科学地进行施工管理，系统地对资料进行归类存档，正确、恰当地编写索赔报告，策略地进行索赔谈判。

3.工程索赔产生的原因

（1）当事人违约

当事人违约常常表现为没有按照合同约定履行自己的义务。发包人违约常常表现为没有为承包人提供合同约定的施工条件、未按照合同约定的期限和数额付款等。工程师未能按照合同约定完成工作，如未能及时发出图纸、指令等也视为发包人违约。承包人违约的情况则主要是没有按照合同约定的质量、期限完成施工，或者由于不当行为给发包人造成其他损害。

（2）不可抗力事件

不可抗力事件分为自然事件和社会事件。自然事件主要是不利的自然条件和客观障碍。社会事件则包括国家政策、法律、法令的变更，战争、罢工等。

（3）合同缺陷

合同缺陷表现为合同文件规定得不严谨甚至矛盾、合同中有遗漏或错误。在这种情况下，工程师应当给予解释，如果这种解释导致成本增加或工期延长，发包人应当给予补偿。

（4）合同变更

合同变更表现为设计变更、施工方法变更、追加或者取消某些工作、合同其他规定的变更等。

（5）工程师指令

工程师指令有时也会产生索赔。

（6）其他第三方原因

其他第三方原因常常表现为与工程有关的第三方的问题而引起的对本工程的不利影响。

4.工程索赔的分类

关于工程索赔，国内外存在众多的分类方法。其分类标准可以概括为以下几种：

（1）按索赔的原因进行分类

承包商提出的每一项索赔，必须明确指出索赔产生的原因。根据国际工程承包的实践经验，具体划分的索赔类型如下：

①工程变更索赔。

②不利自然条件和人为障碍索赔。

③加速施工索赔。

④施工图纸延期交付索赔。

⑤提供的原始数据错误索赔。

⑥工程师指示进行额外工作索赔。

⑦业主的风险索赔。

⑧工程师指示暂停施工索赔。

⑨业主未能提供施工所需现场索赔。

⑩缺陷修补索赔。

⑪合同额增减超过 15%的索赔。

⑫特殊风险索赔。

⑬业主违约索赔。

⑭法律、法规变化索赔。

⑮货币及汇率变化索赔。

⑯劳务、生产资料价格变化索赔。

⑰拖延支付工程款索赔。

⑱终止合同索赔。

⑲合同文件错误索赔。

（2）按索赔涉及的当事人进行分类

①承包商同业主之间的索赔。

②总承包商同分包商之间的索赔。

③承包商与供货商之间的索赔。

④承包商向保险公司索赔。

（3）按索赔的目的进行分类

①工期索赔。由于非承包人责任的原因而导致施工进程延误，要求批准顺延合同工期的索赔，称为工期索赔。工期索赔形式上是对权利的要求，以避免在原定合同竣工日不能完工时，被发包人追究拖期违约责任。一旦获得批准合同工期顺延后，承包人不仅能免除承担拖期违约赔偿费的严重风险，而且可能因缩短工期而得到奖励，最终仍反映在经济收益上。

②费用索赔。当施工的客观条件改变导致承包人增加开支，承包人要求对超出计划成本的附加开支给予补偿，以挽回不应由承包人自己承担的经济损失，称费用索赔。

（4）按索赔的处理方式分类

①单一事件索赔。单一事件索赔就是在某一索赔事件发生后，承包商编制索赔文件，向工程师提出索赔要求。单一事件索赔的优点是涉及的范围不大，索赔的金额小，工程师证明索赔事件比较容易。同时，承包商也可以及时得到索赔事件产生的额外费用补偿。这是常用的一种索赔方式。

②综合索赔。综合索赔，俗称一揽子索赔，是把工程项目实施过程中发生的多起索赔事件综合在一起进行索赔。造成综合索赔的原因有：

A.承包商的施工过程受到严重干扰，如工程变更过多，无法执行原定施工计划等，且承包商难以保持准确的记录和及时收集足够的证据资料。

B.施工过程中的某些变更或索赔事件，由于各方未能达成一致意见，承包商保留了进一步索赔的权利。

在上述条件下，无法采取单一事件索赔方式时，只好采取综合索赔。

5.索赔的依据

承包商或业主提出索赔，必须出示具有一定说服力的索赔依据，这也是决定索赔是否成功的关键因素。

（1）构成合同的原始文件

构成合同的原始文件一般包括合同协议书、中标函、投标书、合同条件（专用部分）、合同条件（通用部分）、规范、图纸以及标价的工程量表等。

合同的原始文件是承包商投标报价的基础。承包商在投标书中对合同中涉及费用的内容均进行详细的计算分析，这是施工索赔的主要依据。

承包商提出施工索赔时，必须明确说明所依据的具体合同条款。

（2）工程师的指示

工程师在施工过程中会根据具体情况随时发布一些书面或口头指示。承包商必须执行工程师的指示，同时也有权获得执行该指示而发生的额外费用。但应切记：在合同规定的时间内，承包商必须要求工程师以书面形式确认其口头指示；否则，将视为承包商自动放弃索赔权利。工程师的书面指示是索赔的有力证据。

（3）来往函件

合同实施期间，参与项目的各方会有大量往来函件，涉及的内容多、范围广，但最多的还是工程技术问题。这些函件是承包商与业主进行费用结算和向业主提出索赔所依据的基础资料。

（4）会议记录

从签订施工承包合同开始，各方会定期或不定期地召开会议，商讨解决合同实施中的有关问题。工程师在每次会议后，应向各方送发会议纪要。会议纪要的内容涉及很多敏感性问题，各方均需核签。

（5）施工现场记录

施工现场记录包括施工日志、施工质量检查验收记录、施工设备记录、现场人员记录、进料记录、施工进度记录等。施工质量检查验收记录要有工程师或工程师授权的相应人员签字。

（6）工程财务记录

在施工索赔中，承包商的财务记录非常重要，尤其是索赔按实际发生的费用计算。因此，承包商应记录工程进度款的支付情况、各种进料单据、各种工程开支收据等。

（7）现场气象记录

在施工过程中，如果遇到恶劣的气候条件，除提供施工现场的气象记录外，承包商还应向业主提供政府气象部门对恶劣气候的证明文件。

（8）市场信息资料

要收集市场资源、劳务、施工材料的价格变化资料、外汇汇率变化资料等。

（9）政策法令文件

工程项目所在地政策法令变化，可能给承包商带来益处，也可能带来损失。承包商应收集这方面的资料，作为索赔的依据。

（二）工程索赔的处理原则、程序和索赔费用计算

1.工程索赔的处理原则

（1）索赔必须以合同为依据

不论是当事人没有完成合同规定的工作，还是风险事件的发生，能否索赔要看是否能在合同中找到相应的依据。工程师必须以完全独立的身份，站在客观公正的立场上，依据合同和事实公平地对索赔进行处理。根据我国的有关规定，合同文件应能够互相解释、互为说明，除合同另有约定外，其组成和解释的顺序为：本合同协议书，中标通知书，投标书及其附件，本合同专用条款，本合同通用条款、标准、规范及有关技术文件，图纸，工程量清单及工程报价或预算书。

（2）必须注意资料的积累

施工阶段应注意积累一切可能涉及索赔论证的资料，同施工企业、建设单位研究的技术问题、进度问题和其他重大问题的会议资料（会议应当做好文字记录，并争取会议参加者签字，作为正式文档资料）；同时应建立严密的工程日志，包括承包方对工程师指令的执行情况、抽查试验记录、工序验收记录、计量记录、日进度记录以及每天发生的可能影响到合同协议的事件的具体情况等，同时还应建立业务往来的文件编号存档等记录制度，做到处理索赔时以事实和数据为依据。

（3）及时、合理地处理索赔

索赔事件发生后，索赔的提出应当及时，索赔的处理也应当及时。若索赔处理得不及时，对双方都会产生不利的影响，如承包人的索赔长期得不到合理解决，索赔积累的结果将导致其资金困难，同时还会影响工程进度，给双方都带来不利的影响。处理索赔还必须坚持合理性原则，既要考虑国家的有关政策规定，也应当考虑工程的实际情况。例如，承包人提出对人工窝工费按照人工单价计算损失、机械停工按照机械台班单价计算损失显然是不合理的。

（4）加强主动控制，减少工程索赔

在工程实践过程中，工程师应当加强主动控制，加强索赔的前瞻性，尽量减少工程索赔。在工程的实施过程中，工程师要将预料到的可能发生的问题，及时告知承包商，及时采取补救措施，避免因工程返工所造成的工程成本上升及工期延误。这样既维护了业主的利益，又保障了工程的工期目标，避免了过多索赔事件的发生，使工程能顺利地

进行，节约工程投资。

2.工程索赔的程序

当合同当事人一方向另一方提出索赔时，要有正当的索赔理由，且有索赔事件发生时的有效证据。发包人未能按合同约定履行自己的各项义务或发生错误以及第三方原因，给承包人造成延期支付合同价款、延误工期或其他经济损失，包括不可抗力延误的工期，均可索赔。我国《建设工程施工合同（示范文本）》（GF-2017-0201）对索赔的程序有以下明确而严格的规定：

（1）承包人应在知道或应当知道索赔事件发生后 28 天内，向监理人递交索赔意向通知书，并说明发生索赔事件的事由；承包人未在前述 28 天内发出索赔意向通知书的，丧失要求追加付款和（或）延长工期的权利；

（2）承包人应在发出索赔意向通知书后 28 天内，向监理人正式递交索赔通知书；索赔通知书应详细说明索赔理由以及要求追加的付款金额和（或）延长的工期，并附必要的记录和证明材料；

（3）索赔事件具有持续影响的，承包人应按合理时间间隔继续递交延续索赔通知书，说明持续影响的实际情况和记录，列出累计的追加付款金额和（或）工期延长天数；

（4）在索赔事件影响结束后 28 天内，承包人应向监理人递交最终索赔报告，说明最终要求索赔的追加付款金额和（或）延长的工期，并附必要的记录和证明材料。

（三）索赔费用的组成及计算

1.索赔费用的组成

索赔费用的主要组成部分，同工程款的计价内容相似。我国对工程索赔的规定，同国际上通行的做法还不完全一致。

从原则上说，承包人有索赔权利的工程成本增加，都是可以索赔的费用。但是，对于不同原因引起的索赔，承包人可索赔的具体内容是不完全一样的。哪些内容可索赔，要按照各项费用的特点、条件进行分析论证，现概述如下：

（1）人工费

人工费包括施工人员的基本工资、工资性质的津贴、加班费、奖金以及法定的安全福利等费用。索赔费用中的人工费是指完成合同之外的额外工作所花费的人工费用；由于非承包商责任的工效降低所增加的人工费用；超过法定工作时间的加班劳动、法定人工费增长以及非承包商责任工程延期导致的人员窝工费和工资上涨费等。

（2）材料费

材料费的索赔包括材料实际用量超过计划用量而增加的材料费；客观原因导致的材料价格大幅度上涨、由于非承包商责任工程延期导致的材料价格上涨和超期储存费用。材料费中应包括运输费、仓储费及合理的损耗费用。如果由于承包商管理不善，造成材料损坏失效，则不能列入索赔计价。承包商应该建立健全物资管理制度，记录建筑材料的进货日期和价格，建立领料耗用制度，以便索赔时能准确地分离出索赔事项所引起的材料额外耗用量。为了证明材料单价的上涨，承包商应提供可靠的订货单、采购单，或官方公布的材料价格调整指数。

（3）施工机械使用费

施工机械使用费的索赔包括由于完成额外工作增加的机械使用费；非承包商责任工效降低增加的机械使用费；由于业主或监理工程师原因导致机械停工的窝工费等。窝工费的计算，如系租赁设备，一般按实际租金和调进调出费的分摊计算；如系承包商自有设备，一般按台班折旧费计算，而不能按台班费计算，因为台班费中包括了设备使用费。

（4）分包费用

分包费用索赔指的是分包商的索赔费，一般也包括人工、材料、机械使用费的索赔。分包商的索赔应如数列入总承包商的索赔款总额以内。

（5）现场管理费

现场管理费索赔是指承包商完成额外工程、索赔事项工作以及工期延长期间的现场管理费，包括管理人员工资、办公、通信、交通费等。但如果对部分工人窝工损失索赔时，因其他工程仍然进行，可能不予计算现场管理费索赔。

（6）利息

在索赔款额的计算中，经常包括利息。利息的索赔通常发生于下列情况：拖期付款的利息；由于工程变更和工程延期增加投资的利息；索赔款的利息；错误扣款的利息。至于具体利率应是多少，在实践中可采用不同的标准：

①按当时的银行贷款利率；

②按当时的银行透支利率；

③按合同双方协议的利率；

④按中央银行贴现率加 3 个百分点。

（7）总部（企业）管理费

索赔款中的总部管理费主要指的是工程延期期间所增加的管理费，包括总部职工工资、办公大楼、办公用品、财务管理、通信设施，以及总部领导人员赴工地检查指导工作等开支。这项索赔款的计算，目前没有统一的方法。

（8）利润

一般来说，由于工程范围的变更、文件有缺陷或技术性错误、业主未能提供现场等引起的索赔，承包商可以列入利润。但对于工程暂停的索赔，由于利润通常是包括在每项实施工程内容的价格之内的，而延长工期并未影响削减某些项目的实施，也未导致利润减少，所以一般监理工程师很难同意在工程暂停的费用索赔中加进利润损失。

索赔利润的款额计算通常是与原报价单中的利润百分率保持一致的。

2.索赔费用的计算方法

常用的索赔费用的计算方法有实际费用法、总费用法和修正的总费用法等。

（1）实际费用法

实际费用法是计算工程索赔时最常用的一种方法。这种方法的计算原则是以承包商为某项索赔工作所支付的实际开支为根据，向业主要求费用补偿。

用实际费用法计算时，在直接费的额外费用部分的基础上，再加上应得的间接费和利润，就是承包商应得的索赔金额。由于实际费用法所依据的是实际发生的成本记录或单据，所以在施工过程中，系统而准确地积累记录资料是非常重要的。

（2）总费用法

总费用法又称总成本法，是当发生多次索赔事件以后，重新计算该工程的实际总费用，实际总费用减去投标报价时的估算总费用，即为索赔金额。

索赔金额=实际总费用－投标报价估算总费用。

不少人对采用该方法计算索赔费用持批评态度，这是因为实际发生的总费用中可能包括了承包商的原因，如施工组织不善而增加的费用；同时投标报价的总费用也可能为了中标而估算得过低。因此，这种方法只有在施工中受到严重干扰，使多个索赔事件混杂在一起，导致难以准确地进行分项记录和收集资料，也不容易分项计算出具体的损失费用的索赔，难以采用实际费用法时才应用。需要注意的是，承包人投标报价必须是合理的，能反映实际情况，同时还必须出具翔实的证据，证明其索赔金额的合理性。

（3）修正的总费用法

修正的总费用法是对总费用法的改进，即在总费用计算的原则上，去掉一些不确定和不合理的因素，使其更合理。修正的内容包括：将计算索赔款的时段局限于受到外界影响的时间，而不是整个施工期；只是计算受影响时段内某项工作所受影响的损失，而不是计算该时段内所有施工工作所受的损失；与该项工作无关的费用不列入总费用中；对投标报价费用重新进行核算，即按受影响时段内该项工作的实际单价进行核算，乘以实际完成的该项工作的工程量，得出调整后的报价费用。

按修正的总费用法计算索赔金额的公式如下：

索赔金额＝某项工作调整后的实际总费用－该项工作的报价费用

修正的总费用法与总费用法相比，有了实质性的改进。它的准确程度已接近于实际费用法。

3.工期索赔的计算

在工程施工中，常常会发生一些未能预见的干扰事件使施工不能顺利进行，使预定的施工计划受到干扰，造成工期延长，这样对合同双方都会造成损失。施工单位提出工期索赔的目的通常有两个：一是免去或推卸自己对已产生的工期延长的合同责任，达到不支付或尽可能不支付因工期延长的罚款的目的；二是进行因工期延长而造成的费用损失的索赔。对已经产生的工期延长，建设单位一般采用两种解决办法：一是不采取加速措施，工程仍按原方案和计划实施，但将合同期顺延；二是指施工单位采取加速措施，以全部或部分弥补已经损失的工期。如果工期延缓责任不是由施工单位造成，而建设单位已认可施工单位工期索赔，则施工单位还可以提出因采取加速措施而增加的费用索赔。

工期索赔的计算方法主要有网络图分析法和比例分析法。

（1）网络图分析法

网络图分析法是利用施工进度计划的网络图，分析索赔事件对其关键线路的影响。如果延误的工作为关键工作，则总延误的时间为批准顺延的工期；如果延误的工作为非关键工作，当该工作由于延误超过时差限制而成为关键工作时，可以批准延误时间与时差的差值，若该工作延误后仍为非关键工作，则不存在工期索赔问题。

（2）比例分析法

在实际工程中，干扰事件常常仅影响某些单项工程、单位工程，或分部分项工程的工期，要分析它们对总工期的影响，可以采用较简单的比例分析法。

三、工程索赔报告的内容

索赔报告是向对方提出索赔要求的书面文件，是承包人对索赔事件的处理结果，也是业主审议承包人索赔请求的主要依据。它的具体内容会因索赔事件的性质和特点而有所不同。索赔报告应合情合理、有理有据、逻辑性强，能说服工程师、业主、调解人、仲裁人，同时又应该是具有法律效力的正规书面文件。

编写的索赔报告必须有合同依据，有详细准确的损失金额及时间的计算，要证明客观事物与损失之间的因果关系，能说明业主违约或合同变更与引起索赔的必然联系。

编写的索赔报告必须准确，须有一个专门的小组和各方的大力协助才能完成，索赔小组的人员应具有合同、法律、工程技术、施工组织计划、成本核算、财务管理、写作等各方面的知识，进行深入的调查研究，对较大的、复杂的索赔须咨询有关专家，对索赔报告进行反复讨论和修改，写出的报告要有理有据，责任清楚、准确，索赔值的计算依据正确，计算结果准确，用词要委婉和恰当。

索赔报告要简明扼要、条理清楚，便于对方由表及里、由浅入深地阅读了解，一般可以用金字塔的形式安排编写。

索赔报告编写完毕后，应及时提交给监理工程师（业主），正式提出索赔。索赔报告提交后，承包商不能被动等待，应隔一定的时间主动向对方了解索赔处理的情况，根据所提出问题进一步做资料方面的准备，尽可能为监理工程师处理索赔提供帮助和支持。

一个完整的索赔报告应包括以下四个方面的内容：

（一）总论部分

总论部分一般包括序言、索赔事项概述、具体索赔要求、索赔报告编写及审核人员名单。

总论部分应该是叙述客观事实，合理引用合同规定，说明要求赔偿金额及工期。因此，文中首先应概要地论述索赔事件的发生日期与过程、施工单位为该索赔事件所付出的努力和附加开支、施工单位的具体索赔要求。在总论部分最后，应附上索赔报告编写组主要人员及审核人员的名单，注明有关人员的职称、职务及施工经验，以表示该索赔报告的严肃性和权威性。需要注意的是，对索赔事件的叙述必须清楚、明确，责任分析应准确，不可用含混的字眼。

（二）根据部分

本部分主要说明自己具有的索赔权利，这是索赔能否成立的关键。根据部分的内容主要来自该工程项目的合同文件，并参照有关法律规定。施工单位可以直接引用合同中的具体条款，说明自己理应获得经济补偿或工期延长。

索赔理由因各个索赔事件的特点而有所不同，通常是按照索赔事件发生、发展、处理和最终解决的过程编写，并明确全文引用有关的合同条款或合同变更和补充协议条文，使业主和工程师能历史地、全面地、逻辑地了解索赔事件的发生始末，并充分认识该项索赔的合理性和合法性。一般地说，该部分包括索赔事件的发生情况、已递交索赔报告的情况、索赔事件的处理过程、索赔要求的合同根据、所附的证据资料等。

（三）计算部分

承包人的索赔要求都会表现为一定的具体索赔款额。计算时，施工单位必须阐明索赔款的要求总额；各项索赔款的计算过程，如额外开支的人工费、材料费、管理费和利润损失；阐明各项开支的计算依据及证据资料，同时施工单位还应注意采用合适的计价方法。至于计算时采用的计价方法，应根据索赔事件的特点及自己所掌握的证据资料等因素来选择。同时，还应注意每项开支款的合理性和相应的证据资料的名称及编号。

索赔计算的目的，是以具体的计算方法和计算过程，说明自己应得经济补偿的款额或延长时间。如果说索赔理由的任务是解决索赔能否成立，那么索赔计算就是要决定应得到多少索赔款额和工期补偿。前者是定性的，后者是定量的。因此，计算要合理、准确，切忌采用笼统的计价方法和不实的开支款额。

（四）证据部分

证据部分包括该索赔事件所涉及的一切证据资料，以及对这些证据的说明。证据是索赔报告的重要组成部分，没有翔实可靠的证据，索赔是不可能成功的，因此应注意引用确凿和有效力的证据。重要的证据资料最好附以文字证明或确认件。例如，有关的记录、协议、纪要必须是双方签署的；工程中的重大事件、特殊情况的记录、统计必须由工程师签字认可。

第三节　施工阶段的造价管控

一、工程价款结算方式

按我国现行规定，工程价款结算可以根据不同情况采取多种方式。

（1）按月结算，即先预付工程备料款，在施工过程中按月结算工程进度款，竣工后进行竣工结算。

（2）竣工后一次结算，即建设项目或单项工程全部建筑安装工程建设期在 12 个月以内，或者工程承包合同价值在 100 万元以下的，可以实行工程价款每月月中预支，竣工后一次结算。

（3）分段结算，即当年开工但当年不能竣工的单项工程或单位工程按照工程形象进度（形象进度的一般划分：基础、±0.0 以上的主体结构、装修、室外工程及收尾等），划分不同阶段进行结算。分段结算可以按月预支工程款，结算比例，如工程开工后，拨付10%合同价款；工程基础完成后，拨付 20%合同价款；工程主体完成后，拨付 40%合同价款；工程竣工验收后，拨付 15%合同价款；竣工结算审核后，结清余款。

（4）结算双方约定的其他结算方式。

二、工程预付款

工程预付款又称预付备料款。施工企业承包工程，一般实行包工包料，需要有一定数量的备料周转金，由建设单位在开工前拨给施工企业一定数额的预付备料款，构成施工企业为该承包工程储备和准备主要材料、结构件所需的流动资金。预付款还可以带有"动员费"的内容，以供组织人员、完成临时设施工程等准备工作之用，预付款相当于建设单位给施工企业的无息贷款。

我国建设部（现住房和城乡建设部）颁布的《房屋建筑和市政基础设施工程施工招

标文件范本》中规定，工程预付款仅用于承包方支付施工开始时与本工程有关的动员费用，如承包方滥用此款，发包方有权立即收回。在承包方向发包方提交金额等于预付款数额（发包方认可的银行开出）的银行保函后，发包方按规定的金额和时间向承包方支付预付款，在发包方全部扣回预付款之前，该银行保函将一直有效。当预付款被发包方扣回时，银行保函金额相应递减。

（一）工程预付款的数额

工程预付款额度各地区、各部门的规定不完全相同，主要是为了保证施工所需材料及构件的正常储备，一般是根据施工工期、建筑安装工作量、主要材料和构件费用占建筑安装工作量的比例，以及材料储备周期等因素经测算来确定。

（1）在合同条件中约定。发包人根据工程的特点、工期长短、市场行情、供求规律等因素，招标时在合同条件中约定工程预付款的百分比。

（2）公式计算法。公式计算法是根据主要材料（含结构件等）占年度承包工程总价的比重，材料储备定额天数和年度施工天数等因素，通过公式计算预付备料款额度的一种方法。

包工包料工程的预付款按合同约定拨付，原则上预付比例不低于合同金额的 10%，不高于合同金额的 30%，对重大工程项目，按年度工程计划逐年预付。计价执行《建设工程工程量清单计价规范》（GB 50500—2013）的工程，实体性消耗和非实体性消耗部分应在合同中分别约定预付款比例。

对一般建筑工程，预付款数额不应超过工作量（包括水、电、暖）的 30%；安装工程不应超过工作量的 10%；材料占比较多的安装工程按年计划产值的 15% 左右拨付。

对于一切材料由建设单位供给的工程项目，则可以不预付备料款。

（二）工程预付款的时限

按照财政部与住房和城乡建设部颁布的《建设工程价款结算暂行办法》的有关规定，在具备施工条件的前提下，发包人应在双方签订合同后的一个月内或不迟于约定的开工日期前的 7 天内预付工程款，发包人不按约定预付，承包人应在预付时间到期后 10 天内向发包人发出要求预付的通知；发包人收到通知后仍不按要求预付，承包人可在发出通知 14 天后停止施工，发包人应从约定应付之日起向承包人支付应付款的利息（利率按同期银行贷款利率计），并承担违约责任。

（三）工程预付款的扣回

发包单位拨付给承包单位的备料款属于预支性质。当工程进展到一定阶段，需要储备的材料越来越少，建设单位应将工程预付款逐渐从工程进度款中扣回，并在工程竣工结算前全部扣完。

扣款的方法有以下两种：

（1）可以从未施工工程尚需的主要材料及构件的价值相当于备料款数额时起扣，从每次结算工程价款中，按材料比例抵扣工程价款，竣工前全部扣清。因此，确定起扣点（即工程价款累计支付额为多少时，以后再支付的工程价款中应考虑要扣除工程预付款）是工程预付款起扣的关键。

确定工程预付款起扣点的原则是：未完工程所需主要材料和构件的费用等于工程预付款的数额。工程预付款的起扣点可按下式计算：

$T=P-M/N$

式中 T——起扣点，即工程预付款开始扣回时的累计完成工作量金额；

P——承包工程价款总额；

M——工程预付款限额；

N——主要材料、构件所占比重。

（2）《房屋建筑和市政基础设施工程施工招标文件范本》规定，在承包人完成金额累计达到合同总价的10%后，由承包人开始向发包人还款；发包人从每次应付给承包人的金额中扣回工程预付款，发包人至少在合同规定的完工期前3个月将工程预付款的总计金额按逐次分摊的办法扣回。当发包人一次付给承包人的余额少于规定扣回的金额时，其差额应转入下一次支付中作为债务结转。

在实际经济活动中，情况比较复杂：有些工程工期较短，就无须分期扣回；有些工程工期较长，如跨年度施工，工程预付款可以不扣或少扣，并于次年按应付工程预付款调整，多退少补。具体地说，跨年度工程，预计次年承包工程价值大于或相当于当年承包工程价值时，可以不扣回当年的工程预付款；小于当年承包工程的价值时，应按实际承包工程价值进行调整，在当年扣回部分工程预付款，并将未扣回部分转入次年，直到竣工年度，再按上述办法扣回。

三、工程进度款

施工企业在施工过程中，按逐月（或形象进度、控制界面等）完成的工程数量计算各项费用，向建设单位（业主）办理工程进度款的支付（即中间结算）。

以按月结算为例，现行的中间结算办法是，施工企业在旬末或月中旬向单位提出预支工程款账单，预支一个月或半个月的工程款，月终再提出工程款结算账单和已完工程月报表，收取当月工程价款，并通过银行进行结算。按月进行结算，要对现场已施工完毕的工程逐一进行清点，资料提出后要交监理工程师和建设单位审查签证。为简化手续，应以施工企业提出的统计进度月报表为支取工程款的凭证，即通常所称的工程进度款。

工程进度款的支付应遵循如下规定：

（一）工程量的确认

根据《建设工程价款结算暂行办法》的规定，工程量计算的主要规定如下：

（1）承包人应当按照合同约定的方法和时间，向发包人提交已完工程量的报告。发包人接到报告后 14 天内核实已完工程量，并在核实前 1 天通知承包人，承包人应提供条件并派人参加核实；承包人收到通知后不参加核实，以发包人核实的工程量作为工程价款支付的依据。发包人不按约定时间通知承包人，致使承包人未能参加核实，核实结果无效。

（2）发包人收到承包人报告后 14 天内未核实完工程量，从第 15 天起，承包人报告的工程量即视为被确认，该工程量作为工程价款支付的依据，双方合同另有约定的，按合同执行。

（3）对承包人超出设计图纸（含设计变更）范围和因承包人原因造成返工的工程量，发包人不予计量。

（二）合同收入的组成

财政部制定的《企业会计准则第 15 号——建造合同》对合同收入的组成内容进行了解释。合同收入包括两部分内容。

（1）合同中规定的初始收入，即建造承包商与客户在双方签订的合同中最初商定的合同总金额。它构成了合同收入的基本内容。

（2）因合同变更、索赔、奖励等构成的收入。这部分收入并不构成合同双方在签订合同时已在合同中商定的合同总金额，而是在执行合同过程中由于合同变更、索赔、奖励等原因而形成的追加收入。

（三）工程进度款支付

《建设工程价款结算暂行办法》规定：

（1）根据确定的工程计量结果，承包人向发包人提出支付工程进度款申请，14 天内，发包人应按不低于工程价款的 60%，不高于工程价款的 90% 向承包人支付工程进度款。按约定时间发包人应扣回的预付款，与工程进度款同期结算抵扣。

（2）发包人超过约定的支付时间不支付工程进度款，承包人应及时向发包人发出要求付款的通知，发包人收到承包人通知后仍不能按要求付款，可与承包人协商签订延期付款协议，经承包人同意后可延期支付，协议应明确延期支付的时间和从工程计量结果确认后第 15 天起计算应付款的利息（利息按同期银行贷款利率计）。

（3）发包人不按合同约定支付工程进度款，双方又未达成延期付款协议，导致施工无法进行，承包人可停止施工，由发包人承担违约责任。

四、质量保证金

按照《建设工程质量保证金管理办法》（建质〔2017〕138 号）的规定，建设工程质量保证金（保修金）（以下简称"保证金"）是指发包人与承包人在建设工程承包合同中约定，从应付的工程款中预留，用以保证承包人在缺陷责任期内对建设工程出现的缺陷进行维修的资金。

（一）缺陷及缺陷责任期

（1）缺陷是指建设工程质量不符合工程建设强制性标准、设计文件，以及承包合同的约定。

（2）缺陷责任期一般为 1 年，最长不超过 2 年，由发、承包双方在合同中约定。

（3）缺陷责任期从工程通过竣工验收之日起计。由于承包人原因导致工程无法按规定期限进行竣工验收的，缺陷责任期从实际通过竣工验收之日起计；由于发包人原因导致工程无法按规定期限进行竣工验收的，在承包人提交竣工验收报告 90 天后，工程自动进入缺陷责任期。

（二）保证金的预留和返还

1.承发包双方的约定

发包人应当在招标文件中明确保证金预留、返还等内容，并与承包人在合同条款中对涉及保证金的下列事项进行约定：

（1）保证金预留、返还方式；

（2）保证金预留比例、期限；

（3）保证金是否计付利息，如计付利息，利息的计算方式；

（4）缺陷责任期的期限及计算方式；

（5）保证金预留、返还及工程维修质量、费用等争议的处理程序；

（6）缺陷责任期内出现缺陷的索赔方式；

（7）逾期返还保证金的违约金支付办法及违约责任。

2.保证金的预留

建设工程竣工结算后，发包人应按照合同约定及时向承包人支付工程结算价款并预留保证金。

发包人应按照合同约定方式预留保证金，保证金总预留比例不得高于工程价款结算总额的 3%。合同约定由承包人以银行保函替代预留保证金的，保函金额不得高于工程价款结算总额的 3%。

3.保证金的返还

缺陷责任期内，承包人认真履行合同约定的责任。到期后，承包人向发包人申请返还保证金。

发包人在接到承包人返还保证金申请后，应于 14 天内会同承包人按照合同约定的内容进行核实。如无异议，发包人应当在核实后 14 天内将保证金返还给承包人，逾期支付的，从逾期之日起，按照同期银行贷款利率计付利息，并承担违约责任。发包人在接到承包人返还保证金申请后 14 天内不予答复，经催告后 14 天内仍不予答复，视同认可承包人的返还保证金申请。

（三）保证金的管理

缺陷责任期内，实行国库集中支付的政府投资项目，保证金的管理应按国库集中支付的有关规定执行。其他政府投资项目，保证金可以预留在财政部门或发包方。缺陷责任期内，如发包方被撤销，保证金随交付使用资产一并移交使用单位管理，由使用单位代行发包人职责。

社会投资项目采用预留保证金方式的，发、承包双方可以约定将保证金交由第三方金融机构托管。

在工程项目竣工前，已经缴纳履约保证金的，发包人不得同时预留工程质量保证金。采用工程质量保证担保、工程质量保险等其他保证方式的，发包人不得再预留保证金。

第七章 工程竣工阶段的造价管理

第一节 基础概述

一、建设项目竣工验收的概念

建设项目竣工验收是指由发包人、承包人和项目验收委员会，以项目批准的设计任务书和设计文件，以及国家或部门颁发的施工验收规范和质量检验标准为依据，按照一定的程序和手续，在项目建成并试生产合格后（工业生产性项目），对工程项目的总体进行检验和认证、综合评价和鉴定的活动。按照我国建设程序的规定，竣工验收是建设工程的最后阶段，是建设项目施工阶段和保修阶段的中间过程，是全面检验建设项目是否符合设计要求和工程质量检验标准的重要环节。只有通过竣工验收，建设项目才能实现由承包人管理向发包人管理的过渡。它标志着建设投资成果投入生产或使用，对促进建设项目及时投产或交付使用、发挥投资效果、总结建设经验有着重要的作用。

工业生产项目，须经试生产合格，形成生产能力，正常生产出产品后，才能验收；非工业生产项目，应能正常使用，才能进行验收。

建设项目的验收，按被验收的对象来划分，可分为单位工程验收、单项工程验收及工程整体验收（动用验收）。通常所说的验收，指的是"动用验收"，即指建设单位在建设工程项目按批准的设计文件所规定的内容全部建成后，向使用单位（国有资金建设的工程向国家）交工的过程。其验收程序是：整个建设工程项目按设计要求全部建成，符合设计要求，并具备竣工图、竣工结算及竣工决算等必要的文件资料后，由建设工程项目主管部门或建设单位，按照国家现行验收组织规定，及时向负责验收的单位提出竣工验收申请报告，接受由银行、物资、环保、劳动、统计、消防及其他有关部门组成的验收委员会或验收组的验收，办理固定资产移交手续。验收委员会或验收组听取有关单位的工作报告，审阅工程技术档案资料，并实地查验建筑工程和设备安装情况，对工程设计、施工和设备质量等方面提出全面的评价。

二、建设项目竣工验收的作用

（1）全面考核建设成果，检查设计、工程质量是否符合要求，确保建设项目按设计要求的各项技术经济指标正常使用。

（2）通过竣工验收办理固定资产使用手续，可以总结工程建设经验，为提高建设项目的经济效益和管理水平提供重要依据。

（3）建设项目竣工验收是项目施工阶段的最后一道程序，是建设成果转入生产使用的标志，是审查投资使用是否合理的重要环节。

（4）建设项目建成投产后，能否取得良好的宏观效益，需要经过国家权威管理部门按照相关技术规范、技术标准组织验收确认。

（5）通过建设项目验收，国家可以全面考核项目的建设成果，检验建设项目决策、设计、设备制造和管理水平，并总结建设经验。因此，竣工验收是建设项目转入投产使用的必要环节。

三、建设项目竣工验收的任务

建设项目通过竣工验收后，由承包人移交发包人使用，并办理各种移交手续，这时标志着建设项目全部结束，即建设资金转化为使用价值。建设项目竣工验收的主要任务有以下几项：

（1）发包人、勘察和设计单位、承包人分别对建设项目的决策和论证、勘察和设计以及施工的全过程进行最后的评价，对各自在建设项目进展过程中的经验和教训进行客观的评价，以保证建设项目按设计要求和各项技术经济指标正常使用。

（2）办理建设项目的验收和移交手续，并办理建设项目竣工结算和竣工决算，以及建设项目的档案资料的移交和保修手续费等，总结建设经验，提高建设项目的经济效益和管理水平。

（3）承包人通过竣工验收应采取措施将该项目的收尾工作和包括市场需求、"三废"治理、交通运输等在内的遗留问题尽快处理好，确保建设项目尽快发挥效益。

第二节　竣工验收

一、建设项目竣工验收的范围及内容

（一）建设项目竣工验收的范围

我国的有关建设法规规定，凡新建、扩建、改建的基本建设项目和技术改造项目（所有列入固定资产投资计划的建设项目或单项工程），已按国家批准的设计文件所规定的内容建成，符合验收标准，即工业投资项目经负荷试车考核，试生产期间能够正常生产出合格产品，形成生产能力的；或是非工业投资项目符合设计要求，能够正常使用的，不论是属于哪种建设性质，都应及时组织验收，办理固定资产移交手续。有的工期较长、建设设备装置较多的大型工程，为了及时发挥其经济效益，对能够独立生产的单项工程，也可以根据建成时间的先后顺序，分期分批地组织竣工验收；对能生产中间产品的一些单项工程，不能提前投料试车，可按生产要求与生产最终产品的工程同步建成竣工后，再进行全部验收。此外，对于某些特殊情况，工程施工虽未全部按设计要求完成，也应进行验收。这些特殊情况主要有：

（1）因少数非主要设备或某些特殊材料短期内不能解决，虽然工程内容尚未全部完成，但已可以投产或使用的工程项目。

（2）按规定的内容已建完，但因外部条件的制约，如流动资金不足，生产所需原材料不能满足等,而使已建成工程不能投入使用的项目。

（3）有些建设项目或单项工程,已形成部分生产能力,或实际上生产方面已经使用,但近期内不能按原设计规模续建,应从实际情况出发,经主管部门批准后,缩小规模对已完成的工程和设备组织竣工验收,移交固定资产。

（二）建设项目竣工验收的内容

不同的建设工程项目,其竣工验收的内容也不完全相同。但一般包括工程资料验收和工程内容验收两部分。

1.工程资料验收

工程资料验收包括工程技术资料验收、工程综合资料验收和工程财务资料验收三方面的内容。

（1）工程技术资料验收的内容

①工程地质、水文、气象、地形、地貌、建筑物、构筑物、重要设备的安装位置、勘察报告与记录;

②初步设计、技术设计或扩大初步设计、关键的技术试验、总体规划设计;

③土质试验报告、基础处理等;

④建筑工程施工记录、单位工程质量检验记录、管线强度、密封性试验报告、设备及管线安装施工记录及质量检查、仪表安装施工记录;

⑤设备试车、验收运转、维修记录;

⑥产品的技术参数、性能、图样、工艺说明、工艺规程、技术总结、产品检验、包装、工艺图;

⑦设备的图样、说明书;

⑧涉外合同、谈判协议、意向书;

⑨各单项工程及全部管网竣工图等资料。

（2）工程综合资料验收的内容

①项目建议书及批件、可行性研究报告及批件、项目评估报告、环境影响评估报告书;

②设计任务书、土地征用申报及批准的文件;

③招标投标文件、承包合同、施工执照;

④项目竣工验收报告、验收鉴定书。

（3）工程财务资料验收的内容

①历年建设资金供应（拨、贷）情况和应用情况；

②历年批准的年度财务决算；

③历年年度投资计划、财务收支计划；

④建设成本资料；

⑤支付使用的财务资料；

⑥设计概算、预算资料；

⑦竣工决算资料。

2.工程内容验收

工程内容验收包括建筑工程验收和安装工程验收。

（1）建筑工程验收

建筑工程验收，主要是运用有关资料进行审查验收。其内容主要包括：

①建筑物的位置、标高及轴线是否符合设计要求。

②对基础工程中的土石方工程、垫层工程及砌筑工程等资料的审查，因为这些工程在"交工验收"时已验收。

③对结构工程中的砖木结构、砖混结构、内浇外砌结构及钢筋混凝土结构等的审查验收。

④对屋面工程的木基、望板油毡、屋面瓦、保温层及防水层等的审查验收。

⑤对门窗工程的审查验收。

⑥对装修工程的审查验收（抹灰、油漆等工程）。

（2）安装工程验收

安装工程验收分为建筑设备安装工程、工艺设备安装工程及动力设备安装工程验收。

（1）建筑设备安装工程（指民用建筑物中的上下水管道、暖气、煤气、通风、电气照明等安装工程）应检查设备的规格、型号、数量、质量是否符合设计要求，检查安装时的材料、材质、材种，检查试压、闭水试验、照明。

（2）工艺设备安装工程包括：生产、起重、传动及试验等设备的安装，以及附属管线敷设和油漆、保温等。

检查设备的规格、型号、数量、质量，设备安装的位置、标高、机座尺寸、质量，单机试车、无负荷联动试车、有负荷联动试车，管道的焊接质量、洗清、吹扫、试压、试漏、油漆、保温等及各种阀门。

（3）动力设备安装工程是指对自备电厂的项目或变配电室（所）、动力配电线路的验收。

二、建设项目竣工验收的方式及程序

（一）建设项目竣工验收的方式

建设项目竣工验收的方式可分为单位工程竣工验收、单项工程竣工验收和全部工程竣工验收三种方式。

1.单位工程竣工验收（又称中间验收）

单位工程竣工验收是承包人以单位工程或某专业工程为对象，独立签订建设工程施工合同，达到竣工条件后，承包人可单独交工；发包人根据竣工验收的依据和标准，按施工合同约定的工程内容组织竣工验收。这一阶段工作由监理单位组织，发包人和承包人派人参加验收工作。单位工程验收资料是最终验收的依据。

2.单项工程竣工验收

单项工程竣工验收是在一个总体建设项目中，一个单项工程已完成设计图纸规定的工程内容，满足生产要求或具备使用条件，承包人向监理单位提交"工程竣工报告"和"工程竣工报验单"，经鉴认后，向发包人发出"交付竣工验收通知书"，说明工程完工情况、竣工验收准备情况及设备无负荷单机试车情况，具体约定单项工程竣工验收的有关工作。

此阶段工作由发包人组织，会同承包人、监理单位、设计单位和使用单位等有关部门完成。

3.全部工程的竣工验收

全部工程的竣工验收指建设项目已按设计规定全部建成、达到竣工验收条件，由发包人组织设计、施工、监理等单位和档案部门进行全部工程的竣工验收。

（二）建设项目竣工验收的程序

建设项目全部建成，经过各单项工程的验收符合设计的要求，并具备竣工图表、竣工决算和工程总结等必要的文件资料，由建设项目主管部门或发包人向负责验收的单位提出竣工验收申请报告，按程序验收。工程验收报告应经项目经理和承包有关负责人审核签字。

1.承包人申请交工验收

承包人在完成了合同工程或按合同约定可分部移交工程的，可申请交工验收。交工验收一般为单项工程，但在某些特殊情况下也可以是单位工程的施工内容，诸如特殊基础处理工程、发电站单机机组完成后的移交等。承包人施工的工程达到竣工条件后，应先进行预检验，对不符合要求的部位和项目，确定修补措施和标准，修补有缺陷的工程部位；对于设备安装工程，要与发包人和监理工程师共同进行无负荷的单机和联动试车。承包人在完成了上述工作和准备好竣工资料后，即可向发包人提交"工程竣工报验单"。

2.监理工程师现场初步验收

监理工程收到"工程竣工报验单"后，应由监理工程师组成验收组，对竣工的工程项目的竣工资料和各专业工程的质量进行初验。在初验中发现的质量问题，要及时书面通知承包人，令其修理甚至返工。经整改合格后，监理工程师签署"工程竣工报验单"，并向发包人提出质量评估报告，至此现场初步验收工作结束。

3.单项工程验收

单项工程验收又称交工验收，即验收合格后发包人方可投入使用。由发包人组织的交工验收，由监理单位、设计单位、承包人及工程质量监督站等参加。其主要依据国家颁布的有关技术规范和施工承包合同，对以下几方面进行检查或检验：

（1）检查、核实竣工项目准备移交给发包人的所有技术资料的完整性、准确性。

（2）按照设计文件和合同，检查已完工程是否有漏项。

（3）检查工程质量、隐蔽工程验收资料、关键部位的施工记录等，考察施工质量是否达到合同要求。

（4）检查试车记录及试车中所发现的问题是否得到改正。

（5）在交工验收中发现需要返工、修补的工程，明确规定完成期限。

（6）其他相关问题。

验收合格后，发包人和承包人共同签署"交工验收证书"，然后由发包人将有关技术资料和试车记录、试车报告及交工验收报告一并上报主管部门，经批准后该部分工程即可投入使用。验收合格的单项工程，在全部工程验收时，原则上不再办理验收手续。

4.全部工程的竣工验收

全部施工过程完成后，由国家主管部门组织的竣工验收，又称为动用验收。发包人参与全部工程竣工验收分为验收准备、预验收和正式验收三个阶段。

（1）验收准备

发包人、承包人和其他有关单位均应进行验收准备，验收准备的主要工作内容如下：

①收集、整理各类技术资料，分类装订成册。

②核实建筑安装工程的完成情况，列出已交工工程和未完工工程一览表，包括单位工程名称、工程量、预算估价以及预计完成时间等内容。

③提交财务决算分析。

④检查工程质量，查明须返工或补修的工程并提出具体的时间安排，预申报工程质量等级的评定，做好相关材料的准备工作。

⑤整理汇总项目档案资料，绘制工程竣工图。

⑥登载固定资产，编制固定资产构成分析表。

⑦落实生产准备各项工作，提出试车检查的情况报告，总结试车考评情况。

⑧编写竣工结算分析报告和竣工验收报告。

（2）预验收

建设项目的竣工验收准备工作结束后，由发包人或上级主管部门会同监理单位、设计单位、承包人及有关单位或部门组成预验收组进行预验收。预验收的主要工作包括：

①核实竣工验收准备工作内容，确认竣工项目所有档案资料的完整性和准确性。

②检查项目建设标准、评定质量，对竣工验收准备过程中有争议的问题和有隐患及遗留问题提出处理意见。

③检查财务账表是否齐全并验证数据的真实性。

④检查试车情况和生产准备情况。

⑤编写竣工预验收报告和移交生产准备情况报告，在竣工预验收报告中应说明项目的概况、对验收过程进行阐述、对工程质量作出总体评价。

（3）正式验收

建设项目的正式竣工验收是由国家、地方政府、建设项目投资商或开发商以及有关单位领导和专家参加的最终整体验收。大中型和限额以上的建设项目的正式验收，由国家投资主管部门或其委托项目主管部门或地方政府组织验收，一般由竣工验收委员会（或验收小组）主任（或组长）主持，具体工作可由总监理工程师组织实施。国家重点工程的大型建设项目，由国家有关部委邀请有关方面参加，组成工程验收委员会进行验收。小型和限额以下的建设项目由项目主管部门组织。发包人、监理单位、承包人、设计单位和使用单位共同参加验收工作。

①发包人、勘察设计单位分别汇报工程合同履约情况以及在工程建设各环节执行法律、法规与工程建设强制性标准的情况。

②听取承包人汇报建设项目的施工情况、自验情况和竣工情况。

③听取监理单位汇报建设项目监理内容和监理情况及对项目竣工的意见。

④组织竣工验收小组全体人员进行现场检查，了解项目现状、查验项目质量，及时发现存在和遗留的问题。

⑤审查竣工项目移交生产使用的各种档案资料。

⑥评审项目质量，对主要工程部位的施工质量进行复验、鉴定，对工程设计的先进性、合理性和经济性进行复验和鉴定，按设计要求和建筑安装工程施工的验收规范和质量标准进行质量评定验收。在确认工程符合竣工标准和合同条款规定后，签发竣工验收合格证书。

⑦审查试车规程，检查投产试车情况，核定收尾工程项目，对遗留问题提出处理意见。

⑧签署竣工验收鉴定书，对整个项目作出总的验收鉴定。

整个建设项目进行竣工验收后，发包人应及时办理固定资产交付使用手续。在进行竣工验收时，对验收过的单项工程可以不再办理验收手续，但应将单项工程交工验收证书作为最终验收的附件而加以说明。发包人在竣工验收过程中，如发现工程不符合竣工条件，应责令承包人进行返修，并重新组织竣工验收，直到通过验收。

三、建设项目竣工验收的组织

建设项目竣工验收的组织，按原国家计委（现国家发展和改革委员会）关于《建设项目（工程）竣工验收办法》的规定组成。大中型和限额以上基本建设和技术改造项目（工程），由国家发展计划部门或国家发展计划部门委托项目主管部门、地方政府部门组织验收。小型和限额以下基本建设和技术改造项目（工程），由项目（工程）主管部门或地方政府部门组织验收。竣工验收要根据工程规模大小、复杂程度组成验收委员会或验收组。验收委员会或验收组应由银行、物资、环保、劳动、消防及其他有关部门组成。建设主管部门和发包人、接管单位、承包人、勘察设计单位及工程监理单位也应参加验收工作。某些比较重大的项目应报省、国家组成验收组织进行验收。

第三节　竣工阶段的造价管控

一、保修

（一）缺陷责任期与保修期的概念区别

1.缺陷责任期

缺陷责任期是指承包人对已交付使用的合同工程承担合同约定的缺陷修复责任的期限，其实质就是指预留质保金（保证金）的一个期限，具体可由发、承包双方在合同中约定。

缺陷责任期一般为1年，最长不超过2年，由发、承包双方在合同中约定。

2.保修期

按照《中华人民共和国民法典》中第三编《合同》的法律条款规定，建设工程的施工合同内容包括工程质量保修范围和质量保证期等。保修就是指施工单位按照国家或行业现行的有关技术标准、设计文件以及合同中约定质量的要求，对已竣工验收的建设工程在规定的保修期限内，进行维修、返工等工作。

保修期是指承包单位对所完成工程的保修期限，超过这个保修期限则无义务实施保修。建设工程的保修期，自竣工验收合格之日起计算。保修期应当按照保证建筑物在合理寿命期内正常使用、维护使用者合法权益的原则确定。

（二）保修的期限

按照《建设工程质量管理条例》第四十条的规定，保修期确定如下：

（1）基础设施工程、房屋建筑的地基基础工程和主体结构工程，为设计文件规定的该工程的合理使用年限。

（2）屋面防水工程、有防水要求的卫生间、房间和外墙面的防渗漏，为 5 年。

（3）供热与供冷系统，为 2 个采暖期、供冷期。

（4）电气管线、给排水管道、设备安装和装修工程，为 2 年。

其他项目的保修期限由发包方与承包方约定。

建设工程的保修期，自竣工验收合格之日起计算。

（三）保修的范围

《中华人民共和国建筑法》第六十二条规定：建筑工程实行质量保修制度。建筑工程的保修范围应当包括地基基础工程、主体结构工程、屋面防水工程和其他土建工程，以及电气管线、上下水管线的安装工程，供热、供冷系统工程等项目。保修的期限应当按照保证建筑物合理寿命年限内正常使用，维护使用者合法权益的原则确定。具体的保修范围和最低保修期限由国务院规定。

在正常使用条件下，建筑工程的保修一般包括以下问题：

（1）屋面、地下室、外墙阳台、卫生间、厨房等处的渗水及漏水问题。

（2）各种通水管道（如自来水、热水、污水、雨水等）的漏水问题，各种气体管道的漏气问题，通气孔和烟道的堵塞问题。

（3）泥地面有较大面积空鼓、裂缝或起砂问题。

（4）内墙抹灰有较大面积起泡、脱落或墙面返碱脱皮问题，外墙粉刷自动脱落问题。

（5）暖气管线安装不妥，出现局部不热、管线接口处漏水等问题。

（6）地基基础、主体结构等存在影响工程使用的质量问题。

（7）其他由于施工不良而造成的无法使用或不能正常发挥使用功能的工程部位。由于用户使用不当而造成建筑功能不良或损坏者，不在保修范围内。

（四）保修费用

保修费用是指对建设工程在保修期间和保修范围内所发生的维修、返工等各项费用支出。保修费用应按合同和有关规定合理确定和控制。保修费用一般可参照建筑安装工程造价的确定程序和计算方法计算，也可按建筑安装工程造价或承包合同价的一定比例计算（如 5%）。

二、保修费用的处理方法

基于建筑安装工程情况复杂，不如其他商品那样单一，出现的质量缺陷和隐患等问题往往是由于多方面原因造成的。因此，在费用的处理上应分清造成问题的原因以及具体返修内容，按照国家有关规定和合同要求与有关单位共同商定处理办法。

（一）勘察、设计原因造成保修费用的处理

勘察、设计方面的原因造成的质量缺陷，由勘察、设计单位负责并承担经济责任，由施工单位负责维修或处理。《中华人民共和国建筑法》第五十六条规定："建筑工程的勘察、设计单位必须对其勘察、设计的质量负责。"

（二）施工原因造成的保修费用处理

施工单位未按国家有关规范、标准和设计要求施工，造成质量缺陷，由施工单位负责无偿返修并承担经济责任。建设工程在保修范围和保修期限内发生质量问题的，施工单位应当履行保修义务，并对造成的损失承担赔偿责任。施工单位不履行保修义务或者拖延履行保修义务的，责令改正，并处 10 万元以上 20 万元以下的罚款，并对保修期间因质量缺陷造成的损失承担赔偿责任。

（三）设备、建筑材料、构配件不合格造成的保修费用处理

因设备、建筑材料、构配件质量不合格引起的质量缺陷，属于施工单位采购的或经其验收同意的，由施工单位承担经济责任；属于建设单位采购的，由建设单位承担经济责任。至于施工单位、建设单位与设备、材料、构配件供应单位或部门之间的经济责任，应按其设备、材料、构配件的采购供应合同处理。

（四）用户使用原因造成的保修费用处理

因用户使用不当造成的质量缺陷，由用户自行负责。

（五）不可抗力原因造成的保修费用处理

因地震、洪水、台风等不可抗力造成的质量问题，施工单位和设计单位都不承担经济责任，由建设单位负责处理。

三、新增固定资产价值的确定

新增固定资产亦称交付使用的固定资产，是投资项目竣工投产后所增加的固定资产，它是以价值形态表示的固定资产投资最终成果的综合性指标。其内容主要包括：已经投入生产或交付使用的建筑安装工程造价；达到固定资产标准的设备工器具的购置费用；增加固定资产价值的其他费用，包括土地征用及迁移补偿费、联合试运转费、勘察设计费、项目可行性研究费、施工机构迁移费、报废工程损失及建设单位管理费等。

新增固定资产价值是以独立发挥生产能力的单项工程为对象。单项工程建成经有关部门验收鉴定合格，正式移交生产或使用，即应计算新增固定资产价值。一次交付生产或使用的工程，计算一次新增固定资产价值，分期分批交付生产或使用的工程，应分期分批计算新增固定资产价值。在计算时，应注意以下几种情况：

（1）对于为了提高产品质量、提高劳动条件、节约材料消耗、保护环境而建设的附属辅助工程，只要全部建成，正式验收交付使用后就要计入新增固定资产价值。

（2）对于单项工程中不构成生产系统，但能独立发挥效益的非生产性项目，如住宅、食堂、医务所、托儿所和生活服务网点等。在建成并交付使用后，也要计入新增固定资

产价值。

（3）凡购置达到固定资产标准无须安装的设备、工具、器具，应在交付使用后计入新增固定资产价值。

（4）属于新增固定资产价值的其他投资，应随同受益工程交付使用的同时一并计入。

（5）交付使用财产的成本，应按下列内容计算：

①房屋、建筑物、管道和线路等固定资产的成本包括建筑工程成本和应分摊的待摊投资。

②动力设备和生产设备等固定资产的成本包括需要安装设备的采购成本、安装工程成本、设备基础支柱等建筑工程成本或砌筑锅炉及各种特殊炉的建筑工程成本、应分摊的待摊投资。

③运输设备及其他无须安装的设备、工具、器具和家具等固定资产一般仅计算采购成本，不计算分摊的"待摊投资"。

（6）共同费用的分摊方法。新增固定资产的其他费用，如果是属于整个建设项目或两个以上单项工程的，在计算新增固定资产价值时，应在各单项工程中按比例分摊。分摊时，什么费用应由什么工程负担应按具体规定进行。一般情况下，建设单位管理费按建筑工程、安装工程、需安装设备价值总额按比例分摊，而土地征用费、勘察设计费等费用则按建筑工程造价分摊。

四、新增流动资产价值的确定

流动资产是指可以在一年内或者超过一年的一个营业周期内变现或者运用的资产。

（一）货币性资金

货币性资金是指现金、各种银行存款及其他货币资金。

（二）应收及预付款项

应收款项是指企业因销售商品、提供劳务等应向购货单位或受益单位收取的款项；预付款项是指企业按照购货合同预付给供货单位的购货定金或部分货款。应收及预付款项包括应收票据、应收款项、其他应收款、预付货款和待摊费用。在一般情况下，应收及预付款项按企业销售商品、产品或提供劳务时的成交金额入账核算。

（三）短期投资（包括股票、债券、基金）

短期投资包括股票、债券、基金。股票和债券根据是否可以上市流通分别采用市场法和收益法确定其价值。

（四）存货

存货是指企业的库存材料、在产品及产成品等。各种存货应当按照取得时的实际成本计价。存货的形成，主要有外购和自制两个途径。外购的存货，按照买价加运输费、装卸费、保险费、途中合理损耗、入库前加工、整理及挑选费用以及缴纳的税金等计价；自制的存货，按照制造过程中的各项实际支出计价。

五、新增无形资产价值的确定

无形资产是指特定主体所控制的，不具有实物形态，对生产经营长期发挥作用且能够带来经济利益的资源。根据我国资产评估协会于 2017 年颁布的《资产评估准则——无形资产》规定，我国作为评估对象的可辨认无形资产通常包括专利权、商标权、著作权、专有技术、销售网络、客户关系、特许经营权、合同权益、域名等。不可辨认无形资产是指商誉。

（一）无形资产的计价原则

（1）投资者按无形资产作为资本金或者合作条件投入时，按评估确认或合同协议约定的金额计价。

（2）购入的无形资产，按照实际支付的价款计价。

（3）企业自创并依法申请取得的，按开发过程中的实际支出计价。

（4）企业接受捐赠的无形资产，按照发票账单所列金额或者同类无形资产市价计价。

（5）无形资产计价入账后，应在其有效使用期内分期摊销。

（二）无形资产的计价方法

1.专利权的计价

专利权分为自创和外购两类。自创专利权的价值为开发过程中的实际支出，主要包括专利的研制成本和交易成本。研制成本包括直接成本和间接成本。直接成本是指研制过程中直接投入发生的费用（主要包括材料费用、工资费用、专用设备费、资料费、咨询鉴定费、协作费、培训费和差旅费等）；间接成本是指与研制开发有关的费用（主要包括管理费、非专用设备折旧费、应分摊的公共费用及能源费用）。交易成本是指在交易过程中的费用支出（主要包括技术服务费、交易过程中的差旅费及管理费、手续费、税金）。由于专利权是具有独占性并能带来超额利润的生产要素，因此专利权转让价格不是按成本估价，而是按照其所能带来的超额收益计价。

2.非专利技术的计价

非专利技术具有使用价值和价值。使用价值是非专利技术本身应具有的，而价值在于非专利技术的使用所能产生的超额获利能力，应在研究分析其直接和间接的获利能力的基础上，准确计算出其价值。如果非专利技术是自创的，一般不作为无形资产入账，自创过程中发生的费用，按当期费用处理。对于外购非专利技术，应由法定评估机构确认后再进行估价，往往通过能产生的收益采用收益法进行估价。

3.商标权的计价

如果商标权是自创的，一般不作为无形资产入账，而将商标设计、制作、注册和广告宣传等发生的费用直接作为销售费用计入当期损益。只有当企业购入或转让商标时，才需对商标权计价。商标权的计价一般根据被许可方新增的收益确定。

4.土地使用权的计价

根据取得土地使用权的方式不同，土地使用权有以下几种计价方式：当建设单位向土地管理部门申请土地使用权并为之支付一笔出让金时，土地使用权作为无形资产核算；当建设单位获得土地使用权是通过行政划拨的，土地使用权不能作为无形资产核算；在将土地使用权有偿转让、出租、抵押、作价入股和投资，按规定补交土地出让价款时，才作为无形资产核算。

第八章　BIM 技术在造价管理中的应用

第一节　BIM 在工程造价管理中的发展与基本特征

一、BIM 在工程造价管理中的发展现状

建筑信息化模型（BIM，Building Information Modeling）是指在建设工程及设施全生命周期内，对其物理和功能特性进行数字化表达，并依此设计、施工、运营的过程和结果的总称。我国住房和城乡建设部印发的《2011—2015 年建筑业信息化发展纲要》（建质〔2011〕67 号）（以下称《纲要》），明确加快建筑企业信息化建设，提高信息化技术水平，推动建筑业管理水平提升和技术进步，加快建筑信息模型在工程建设中的应用。2014年，住房和城乡建设部明确提出"十二五"期间，BIM 在工程实践中的普及，进一步促进建筑信息化建设，同时加快拥有自主知识产权的软件开发。《纲要》针对不同项目参建主体提出了不同的企业信息集成的程度要求和信息基础设施的建设要求。《关于推进建筑信息模型应用的指导意见》《2016—2020 年建筑业信息化发展纲要》等系列文件的发布，使得 BIM 成为"十三五"建筑业重点推广的五大信息技术之首。除了住房城乡建设部，其他各省、市亦纷纷出台相关政策。上海市住房和城乡建设管理委员会于 2016 年 10 月，发布了《上海市建筑信息模型技术应用推广"十三五"发展规划纲要》；为了进一步加强上海市 BIM 技术应用，上海市住房和城乡建设管理委员会于 2017 年 12 月下达 BIM 推广应用范围、应用审核与监督、激励和配套措施等四个方面的通知，于 2018 年 6 月发布了《上海市保障性住房项目 BIM 技术应用验收评审标准》。

目前，国内与 BIM 相关的应用软件主要有广联达、鲁班、清华斯维尔、PKPM、探索者等。近年来，广州地铁、国家游泳中心、上海世博会中国馆等大型重点项目开始将 BIM 技术应用于建筑设计中。北京的"中国尊"、上海的中心大厦等项目，都在设计和施工过程中采用世界顶尖的 BIM 技术，这极大地减少了资源的损耗和浪费，有效避免了事故的发生。一些大型地产商，如万达、龙湖、SOHO 等都在积极探索 BIM 的应用，许多大型设计企业也组建了自己的 BIM 团队，逐步研究 BIM 的应用。正确运用 BIM 技术能提高工程造价管理效果，投资者可以得到准确的预算造价结果，获取更多利润。造价管理人员使用 BIM 技术构建直观化数据模型，更准确反映项目工程造价的一切细微变动，借助数字模拟技术来准确核算项目工程总投入资金，控制资金使用动向和计价变更。造价管理人员还可以运用 BIM 技术构建完整的数据库，从而对整个项目施工中的所有数据信息实施全面覆盖性监控、调整与管理。

二、BIM 技术的基本特征

（一）参数化（数字化）

信息是 BIM 的核心，而 BIM 模型的基本元素则是单个物体，其成本信息、物理特性、几何信息以及施工要求等都必须采用参数来控制。

BIM 模型依据数字技术，通过参数设置来对基本构件加以区分，同时将数据传输给其他对象，带有面向对象化的性质。参数化的基本构件既可以提供信息，也可以接收信息的反馈。借助信息化处理能够使建筑模型持续优化。因此，参数化是实现其他功能的基础模块。

（二）可视化

BIM 是以三维模型为载体进行数据与信息整合的技术，其具有三维模型所具有的固有属性，其中最为显著的是可视化，并且以 BIM 模型来看，具有可视化的属性不但有建筑几何信息，还包括建筑构件属性等方面。在 BIM 模型中，用户能够对建筑某部分构件的属性进行直接提取，能够对建筑的材质、面积等属性进行直观了解，对用户的工作效率能够极大提升。用户通过 BIM 可以把二维的线条式构件用建模软件绘制成三维实体模型,把相同构件的互动性和反馈性进行可视化展现,使得工程建设在视觉上实现可视化,更重要的是 BIM 技术可以实现整个项目从开始设计直至运营的全过程可视化。

（三）模拟性

BIM 能够通过三维模型对建筑设计的各个方面进行模拟,为建筑工程设计提供了现实数据信息,能够对建筑工程设计的细节方面(如日照方向与强度、功耗节能程度、建筑给水排水设计等)进行真实的模拟,为建筑工程设计人员提供科学合理的信息,从而使其能够在设计中考虑周全。BIM 能够在建筑工程的施工准备阶段对施工现场的具体布置进行模拟,能够对施工现场与施工环境进行合理安排,并且能够对施工进度进行实时模拟,把控施工具体项目的实施时间。BIM4D 技术加入成本维度(即 BIM5D 技术),可对施工阶段的成本进行动态监控,实现成本管控等。在运维阶段,可运用 BIM 技术对突发灾害性事件进行模拟来制定紧急应对方案。

（四）协调性

协调性是 BIM 技术的重要内容。BIM 能将多种跨专业的信息进行整合,并以三维模型的形式进行展示,实现建筑工程的多专业与多参与方的整合协调,使建筑工程效率得到较大程度的提升。在现实建筑工程中,通过 BIM 模型可对建筑结构的合理性进行研究,并对建筑细节进行查看,如建筑预留孔洞的尺寸、管线排布的合理性、主体结构与建筑内部空间的协调问题等。并且,对建筑工程的问题进行方案制定后能够通过平台将信息传送给各参建方,强化信息的辐射范围,提升传播效率,从而提高整个建筑工程参与各方的协调性。

（五）输出性

BIM 模型具有参数化的特征,那么具体参数的收集、整理、储存必然需要 BIM 数据库。BIM 数据库的数据信息能够以其他方式对外导出,实现数据共享。

（六）优化性

一般建筑工程在工程项目开展过程中的实际工程量较大,其施工内容都是具有较高技术要求的工序,并且施工时间普遍紧迫,工程项目开展过程中还可能出现突发事件,因此复杂情况，工程参与人员常常难以应对。而使用 BIM 模型，就能够对整个工程项目进行较精确的把控，使得整个工程项目得到有效优化，从而降低工程项目开展过程中遇到的困难。另外，现阶段的建筑施工交付还是以二维形式的图纸作为交付资料，BIM 软件也能够将其建筑模拟状况进行二维图纸的展示，将三维模型图进行平面图以及各个立面图的打印。

第二节　BIM 技术在建筑工程中的应用价值

BIM 技术的出现，促进了建筑行业的第二次工业革命。通过 BIM 技术，能够实现用三维实体模型对二维图纸的替代，并且建筑设计师也能够更清晰、更直观地向业主表达自己的设计成果。在三维模型上进行工程建设的交流，能够更清楚地表达工程参与单位的意见，优化设计方案。

在建筑行业中应用 BIM 技术，能够逼真地模拟建筑模型，及时发现设计方案中的缺陷与问题，进而对原始设计方案作出最经济、合理的优化调整。BIM 技术的显著优势就是三维实体模型，通过对工程建筑的三维实体建立模型，能够模拟出各基本构件在建筑工程中的实际设计方案。通过生成的碰撞报告，便可对原设计方案进行持续优化，可以有效解决传统设计流程的碰撞问题。这样不但节省了人力、材料，还能提高工程质量，加快工程施工进度。例如，运用清华斯维尔软件对某项目的通风管道进行碰撞检查生成的结果，可以清晰地看到不同管道间的碰撞位置。

BIM 技术在建筑工程招投标过程中能对建筑工程进行三维模拟，对技术指标进行核对从而指导合理报价。在建筑施工准备阶段能够对工程项目的合理性进行模拟，对潜在问题进行提示与解决。在正式施工阶段能够对施工各方以及施工进度进行协调，有效保障了工程项目的质量安全。在工程竣工运维阶段能够对建筑施工资料档案进行管理与存档。其具体应用见表 8-1。

表 8-1 BIM 在实际建筑工程中的应用

	投标阶段	施工准备阶段	正式施工阶段	工程竣工阶段
施工进度	—	工程进度与三维模型的协调	工程进度监控、工程进度资源规划	—
成本控制	成本清单核算、工程报价辅助	施工预算控制、施工材料管控、工程产值预估	工程资金计划、资金支付审核、材料消耗分析与管理	辅助工程结算、减少结算遗漏
质量安全	—	结构布置合理性、管线排布合理性、建筑内部空间核查	预留孔洞尺寸、砌体排布、施工方案模拟、施工现场质量安全监控	—
综合方面	项目直观展示、辅助招投标	建筑工程环境协调	资料档案管理、变更项目明细管理	竣工档案资料管理、运维模拟管理

　　显然，BIM 的应用价值在于将计算机与互联网技术合并到建筑工程的整个生命周期中，使得建筑施工管理得到较大程度的提升，从而提高实际施工效率，并且能够有效加快整体工程进度，对工程成本进行合理的把控，对工程质量安全进行实时监控，保证工程施工的安全稳定，从而为建筑工程项目带来巨大经济效益。鲁班软件公司所创办的 BIM 咨询所提供的数据显示，国内 BIM 应用能够使工程进度得到 10% 的提升，能够极大减少工程返工，并且明显提升工程质量管理能力，获得超额投资回报。

　　BIM 技术通过将计算机技术、互联网技术以及建筑工程项目进行有机整合，从而实现建筑工程项目的成本优化控制。目前，成本控制中的 BIM 应用包括计算机技术辅助管控项目成本和数据技术辅助成本核算这两个方面。计算机技术辅助管控项目成本是在建筑三维建模完成后对建筑图纸进行核查匹配，通过将建筑模型与施工图纸进行对照，对重大问题与细节问题进行核查、发现并及时进行改正，避免了在工程项目开展过程中出现突发性问题。三维模型的建立使得工程项目进行了一次预先施工，在实际施工中可能出现的问题都将在模型建立的过程中进行体现，通过碰撞模拟试验能够发现细节方面的问题，能够有效减少工程返工，提升工程效率；并且对于工程现场的合理布置也能够合理运用空间，从而减少搬运次数，降低发生工程安全事故的概率，为开展项目提供安全保障。BIM 技术可以将项目开展中可能遇到的问题进行提前预知，从而在项目开展前进行合理调整，减少施工中出现问题的概率，降低因施工问题而耗费的项目成本。

通过 BIM 技术，在项目开展过程中，可对项目成本进行实时动态管理。通过对三维模型数据信息的分解与研究，可以将项目开展进程中的各阶段工程量与工程成本数据进行计算，再将其与项目规划中的对应部门进行对比分析，从而实现对项目成本的动态管理。

BIM 5D 模型是 BIM 技术的深化和发展，是在 BIM 三维模型的基础上增加了工程进度与项目成本两个特殊维度，并使 BIM 能够贯穿建筑工程项目的生命周期。其具有 BIM 的所有基本特性，是一个完整的项目管理工具。用于工程项目的 BIM 5D 模型能够以 BIM 为载体将建筑施工中的具体项目进行整合，以模型为基础对工程项目开展过程中的所有因素进行关联，如项目开展进程、成本控制、质量安全、资料管理等。通过 BIM 模型的特性与计算机技术提供的相关信息数据，为项目的进度与成本管理提供科学有效的数据信息，辅助项目管理人员作出正确的决策，大大加快项目进度。

第三节　BIM 全寿命周期工程造价管理的应用

通过 BIM 技术能够实现对建筑工程项目从设计、施工、验收直至运营的全过程管理，并且使各个数据相互关联，可以为建筑工程项目提供共享的平台，消除信息孤岛，处理专业软件不兼容的问题。一方面，BIM 模型包含着各种数据信息以及图片资料，可以说是整个建筑工程项目各类信息的承载文件，并且这些信息数据都是参数化后的结果，能够直接参与完成各类运算；另一方面，将这些数据信息传送到 BIM 平台后，所有工程项目参与单位、工作人员以及后续研究人员都能够直接使用这些数据信息，从而有效地避免同一信息被不同参与单位或工作人员重复处理，能够最大限度地降低数据信息在传播过程中的失真率和损失度，使整个项目工作效率得到大幅度提升。

一、BIM技术在决策阶段的应用

项目前期决策阶段主要是通过方案比选,编制项目建议书及可行性研究报告等工作,从而选定最佳的投资方案,争取让业主在最少的投资下实现项目的最大价值。决策阶段在全寿命周期中占有极其重要的地位,根据有关研究,决策阶段影响工程造价的程度最高,达70%~80%。由此可见,决策阶段对能否实现项目价值要求起着决定性作用。

BIM技术在决策阶段的主要应用是协助业主比选方案、对拟建项目进行投资估算以及对拟建项目前期进行主动控制。

(一)方案比选

在项目初期阶段会存在多个备选投资方案,经过对多个方案的造价运用BIM技术进行比较,从而更加快速准确地选择经济较优的方案,使得投资估算发生偏差的概率大大降低。

(二)投资估算

BIM具有较强的数据库功能,已建项目的数据模型可以永久储存在BIM模型中。可以参考BIM模型中的已有数据,对拟建项目进行投资估算,提高拟建工程的估算精度。

(三)项目前期主动控制

业主通过BIM技术的可视化特点结合项目目标要求,可观察设计方案的三维建筑实体概念模型,经过对建筑日照分析、照明分析等发现周围环境对项目的影响情况。在项目的局部问题上,还可以对概念模型进行碰撞检查,找到方案中不合理因素,从而对其进行事前讨论控制,确保工程估算的准确性。

二、BIM技术在招投标阶段的应用

业主方在进行招标过程中,可以直接使用设计单位设计出的BIM模型进行工程量的计算,避免了在施工阶段出现工程量的错漏等问题,并且可以把BIM模型作为招标文件的一部分发售给投标单位。投标单位可以根据 BIM 模型直接进行工程量的计算，根据本企业的定额数据库编制投标价，为更好地制定投标策略节省时间。

三、BIM 技术在施工阶段的应用

施工阶段是工程建设项目由理论转为实物的过程，施工阶段是整个项目全寿命周期中的重要实施阶段。由于建设周期长，在此阶段发生的工程变更、进度款支付等问题也比较多。BIM 5D 技术的实施解决了这些问题。BIM 5D 技术的应用将工程量信息实时管理变成可能，并且提高了发生变更后的成本管控力以及进度款支付能力，实现了多维度的估算对比。

（一）工程量信息动态管理

BIM 5D 成本模型的任何构件都有自己的属性，并且该模型所包含的项目信息都是连续的，用户可以通过 BIM 软件在任何时间、任何地点进行查询，也可以将各个构件组合进行查询。

（二）提高工程变更成本控制能力

采用动态成本 BIM 5D 模型，只需在工程变更发生时在相关项目的信息模型上输入变量，相关工程量变化就会随之反映出来。根据工程量的变化，在模型中查找出变化后的构件，确定变更价格。如果有多个方案能够满足功能使用要求，就可以使用 BIM 5D 模型对这些方案成本进行对比分析，然后按照分析报告所生成的结果选择兼具合理性与经济性的方案。BIM 技术的应用提高了工程变更的成本控制能力。

（三）增强进度款支付能力

利用 BIM 技术可以对工程建设期进行阶段划分，然后根据划分的阶段进行工程款的支付。在 BIM 技术成本模型中可以方便施工方和业主方进行工程量的对比查询，加快了项目参与方核算工程量的速度，提高了进度款的支付能力。

（四）实现了不同维度的多算对比

每个构件在 BIM 5D 成本模型中都有自己的数据信息，各构件的组合信息及拆分信息都可以随时随地在 BIM 中查询。因此，BIM 5D 可以实现不同阶段的实际成本与预算成本、计划成本以及合同价的对比分析，实现不同维度的多算对比，有效地对各阶段范围内的工程造价进行管理。

四、BIM 技术在竣工阶段的应用

在结算阶段，BIM 项目模型已经经过前期层层输入，处于近乎完善的状态，建筑信息模型已经集成了该项目的所有相关数据信息，BIM 模型信息的完善与精确性避免了信息的丢失。BIM 模型可以实时对工程量进行分阶段、分构件划分，从而实现框图出量，在进度款支付过程中实时进行核对确认。BIM 技术可以实现对竣工结算数据进行动态汇总，这种动态控制功能的实现减少了工作量，提高了工作效率，为项目各参与方节省了时间、成本。

五、BIM 技术在运营维护阶段的应用

工程的运营维护时期在全寿命周期中所占比例是最大的，因此要想工程项目成本降低到最少，运营管理阶段的造价管控是关键。BIM 技术的应用对运营维护阶段工程造价管理能力的提高具有促进作用。利用 BIM 模型文档功能所建立的详细数据库实现从建设阶段到运营阶段的对接；根据已建项目的运行参数及维护信息进行实时监控，可以对设备的运行情况进行相关判断，并制定合理的管控措施，还能够根据监控数据对设施的性能、能源耗费、环境价值等进行评估管理，做好事前成本控制以及设施报废后的解决方案；BIM 成本数据库可以自动保留全部相关数据，为以后类似项目提供相关参数信息。

参考文献

[1]马楠，张国兴，韩英爱.工程造价管理[M].北京：机械工业出版社，2009.

[2]于洋，杨敏，叶治军.工程造价管理[M].成都：电子科技大学出版社，2018.

[3]赵春红，贾松林.建设工程造价管理[M].北京：北京理工大学出版社，2018.

[4]中国建设工程造价管理协会.建设工程造价管理相关文件汇编：2017 年版 [M].北京：中国计划出版社，2017.

[5]全国造价工程师执业资格考试培训教材资格委员会.建设工程造价管理：2017 年版[M].北京：中国计划出版社，2017.

[6]曾淑君.工程造价管理[M].南京：东南大学出版社，2016.

[7]袁建新.工程造价管理[M].3 版.北京：高等教育出版社，2018.

[8]任彦华，董自才.工程造价管理[M].成都：西南交通大学出版社，2017.

[9]张友全，陈起俊.工程造价管理[M].2 版.北京：中国电力出版社，2014.

[10]国家发展和改革委员会法规司.中华人民共和国招标投标法实施条例释义[M].北京：中国计划出版社，2012.

[11]边防.建筑工程管理现存问题及优化改进策略研究[J].居舍，2023（33）：134-137.

[12]程超胜，程启友，黎玉君.建筑工程应用文写作教程应用文写作[M].武汉：武汉理工大学出版社，2023.

[13]黄陆.建筑工程管理信息化的主要问题及解决方法[J].居舍，2023（28）：173-176.

[14]王秀娟.装饰装修工程的造价管理及成本控制探究[J].中文科技期刊数据库（引文版）工程技术，2022（06）：3-5.

[15]徐茂武.建设工程设计阶段造价管理与控制的策略分析[J].建筑与装饰，2023（11）：61-63.

[16]寿徐凯，蔡少铭.浅谈设计阶段工程造价控制[J].管理科学文摘，2010（17）：103-

108.

[17]杨娟.建筑工程施工阶段的工程造价管理探析[J].建筑发展，2022，5（6）：31-33.

[18]王娜.建筑工程成本管理施工预算的作用分析[J].中文科技期刊数据库（文摘版）工程技术，2022（04）：3-9.

[19]曹缘，骆向东.建筑工程质量管理与成本控制策略分析[J].工程与管理科学，20235（2）：37-39.

[20]王新阳.建筑工程施工成本管理存在的问题与对策[J].高铁速递，2022（03）：61-63.

[21]邱琼洁.工程预算在建筑工程成本管理中的应用探究[J].建筑与预算，2023（06）：1-3.

[22]柴祥愿.建筑工程成本管理中施工预算的作用分析[J].现代商贸工业，2023，44（11）：255-257.

[23]程玲玲.建筑工程成本管理中存在的问题与解决对策[J].陶瓷，2023（12）：175-178.

[24]熊涛.建筑工程成本管理的控制方法浅述[J].中文科技期刊数据库（引文版）工程技术，2022（10）：4-6.

[25]李辉.以 BIM 技术为基础的建筑工程成本管理分析[J].科技风，2022（26）：59-61.

[26]关贺予.基于 BIM 技术在建筑工程成本管理中的应用[J].工业，2022（06）：4-11.

[27]王聪颖.建筑工程成本管理中存在的问题及解决措施[J].新材料·新装饰，2022，4（21）：160-162.

[28]陈岳.探讨建筑工程项目管理中如何加强工程进度管理[J].工程建设（维泽科技），2023，6（11）：14-16.

[29]刘向东.基于人工智能的建筑工程进度管理系统设计与应用[J].江西建材，2023（10）：322-324.

[30]刘超.建筑工程管理中成本管理与控制的探讨[J].中文科技期刊数据库（文摘版）工程技术，2022（07）：3-6.

[31]姜俊兴，秦建合，秦伟.建筑工程全过程成本控制管理研究[J].工业建筑，2022（03）：52-55.

[32]黄忆.建筑工程进度管理中全过程动态控制策略的应用[J].住宅与房地产，2023（08）：190-192.

[33]韩德斌.建筑工程进度管理优化措施落实研究[J].河南建材，2022（08）：3-7.

[34]朱文学.建筑工程项目管理中的进度管理探讨[J].居舍，2022（10）：115-118.

[35]李昊飞.建筑工程管理中的进度管理分析[J].精品，2022（01）：123-125.

[36]朱长青.浅析建筑工程进度管理[J].工程建设（维泽科技），2023，6（04）：52-54.

[37]刘鑫.建筑工程进度管理中存在的问题及解决措施[J].新材料·新装饰，2023，5（05）：179-182.

[38]王涛.建筑工程进度管理中全过程动态控制的应用策略[J].中国厨卫，2023，22（04）：110-112.

[39]王浩.建筑设计管理工作中的问题及处理对策[J].现代物业（中旬刊），2023（11）：100-102.

[40]舒灿.建筑工程造价构成要素及管理策略研究[J].中国建筑金属结构，2023，22（07）：156-158.

[41]潘国宇.建筑工程造价预算控制关键点分析[J].城市情报，2023（13）：256-258.

[42]胡恩千.建筑装饰装修工程造价管理及成本控制措施[J].居舍，2022（09）：145-147.

[43]王海峰.大数据时代 BIM 技术在工程造价管理中的应用分析[J].智能建筑与工程机械，2023，5（5）：83-85.

[44]张慧鹏.BIM 技术在钢结构造价管理中的应用分析[J].四川建材，2023，49（07）：227-229.

[45]史艾嘉.BIM 技术在工程造价管理中的应用研究[J].价值工程，2022（6）：41-44.

[46]徐艳侠.BIM 技术在建筑工程造价管理中的应用[J].中国建材，2022（2）：3-11.